环境影响评价

吴文娟 李泽琼 贺玉龙 ◎ 编著

西南交通大学出版社
·成 都·

图书在版编目（CIP）数据

环境影响评价 / 吴文娟，李泽琼，贺玉龙编著. 成都：西南交通大学出版社，2024.11. -- ISBN 978-7-5774-0202-4

Ⅰ．X820.3

中国国家版本馆 CIP 数据核字第 2024KX6245 号

Huanjing Yingxiang Pingjia
环境影响评价

吴文娟　李泽琼　贺玉龙　编著

策 划 编 辑	张文越
责 任 编 辑	张文越
封 面 设 计	曹天擎
出 版 发 行	西南交通大学出版社
	（四川省成都市金牛区二环路北一段 111 号
	西南交通大学创新大厦 21 楼）
营销部电话	028-87600564　028-87600533
邮 政 编 码	610031
网　　　址	http://www.xnjdcbs.com
印　　　刷	成都中永印务有限责任公司
成 品 尺 寸	185 mm × 260 mm
印　　　张	15.5
字　　　数	329 千
版　　　次	2024 年 11 月第 1 版
印　　　次	2024 年 11 月第 1 次
书　　　号	ISBN 978-7-5774-0202-4
定　　　价	40.00 元

图书如有印装质量问题　本社负责退换
版权所有　盗版必究　举报电话：028-87600562

前 言 PREFACE

目前，世界上已有 100 多个国家先后建立了环境影响评价制度。国际上环境影响评价研究机构之间的交流与合作，有效促进了环境影响评价的应用与发展，拓展了环境影响评价的深度与广度，并逐步实现了环评在规划或建设项目的事前、事中、事后全过程参与。

我国自 1979 年正式确立环境影响评价制度以来，先后颁布了一系列相关的技术导则、分类管理名录等环境标准和部门规章。在应用过程中，又根据出现的新问题和新要求而进行不断修订，环境影响评价的内容和要求从粗到细，又从繁入简，经历了大幅变革的过程，突出了环评的实用性。现今的环评报告弱化了社会经济环境影响评价的要求，简化了规划环评包含的建设项目环评要求，将水土保持评价、公众参与等从环评报告中剥离，使原来"虚胖"的环评成功"瘦身"，让环评逐渐回归本意。

环境影响评价具有实践性强、涉及行业广、与各项环境保护法律法规结合紧密且更新快等特点，是环境学科的专业主干课程。本书结合环保部门颁布的最新标准和各项法律法规，详细分析了我国环评制度的发展历程和现今环境影响评价的管理要求，以环境影响评价的主线，即环境特征、源强分析、环境影响、环保措施四大内容为基础，对大气、地表水、地下水、噪声、生态等环境要素的环境影响评价进行了详细阐述，同时介绍了公众参与、环境风险评价、规划环评等内容。

本书旨在帮助学生熟悉环评工作程序、掌握环境影响评价文件的编制要点，适用于高等学校环境类专业的本科生学习，对从事环境影响评价工作的专业技术人员也有一定的参考价值。

本书由西南交通大学吴文娟、成都理工大学李泽琼、西南交通大学贺玉龙编著。另外，四川轻化工大学吴玫、乐山职业技术学院邓丰、西南交通大学陈海堰、王绍筂也对本书的编写提供了宝贵意见，在此一并表示感谢。

由于编者水平有限，书中出现疏漏之处在所难免，恳请读者批评指正。

作 者
2024 年 8 月

目 录 CONTENTS

1 环境影响评价简介
1.1 环境影响评价的产生与发展/002
1.2 与环境影响评价相关的基本概念/005
1.3 相关法律法规、部门规章与标准体系/011
思考题/016

2 环境影响评价管理
2.1 建设项目环境影响评价管理/018
2.2 规划环境影响评价管理/028
2.3 环境影响评价质量管理/030
思考题/033

3 环境影响识别与工程分析
3.1 环境影响识别/035
3.2 污染源评价/037
3.3 工程分析/046
思考题/056

4 大气环境影响评价
4.1 概述/058
4.2 大气环境影响评价等级和评价范围/065
4.3 污染源调查与分析/067
4.4 环境空气质量现状调查与评价/070
4.5 大气环境影响预测/075
4.6 大气污染防治措施/078
4.7 大气环境影响评价结论与建议/081
思考题/084

5 地表水环境影响评价
5.1 概述/086
5.2 地表水环境影响评价基本要求/093
5.3 污染源强分析及环境影响识别/099
5.4 地表水环境现状调查与评价/102
5.5 地表水环境影响预测/109
5.6 环境保护措施与环境监测计划/114
5.7 地表水环境影响评价结论/116
思考题/116

6 地下水环境影响评价
6.1 概　述/118
6.2 地下水环境影响评价基本要求/123
6.3 污染源强分析及环境影响识别/128
6.4 地下水环境现状调查与评价/130
6.5 地下水环境影响预测/135
6.6 地下水环境保护措施与对策/136
6.7 地下水环境影响评价结论/138
思考题/139

7 声环境影响评价
7.1 概述/141
7.2 声环境影响评价基本要求/149
7.3 噪声源强分析/151
7.4 声环境现状调查和评价/155
7.5 声环境影响预测/158
7.6 噪声防治对策/165
思考题/168

8 生态环境影响评价

- 8.1 概述 /170
- 8.2 生态环境影响评价等级及范围 /176
- 8.3 生态影响源强分析与环境影响识别 /178
- 8.4 生态环境现状调查与评价 /182
- 8.5 生态环境影响预测 /186
- 8.6 生态环境保护 /188
- 8.7 生态制图 /191
- 8.8 结论与建议 /193
- 思考题 /193

9 环境风险评价 /194

- 9.1 概述 /195
- 9.2 评价等级与评价范围 /197
- 9.3 环境风险识别 /198
- 9.4 风险预测与评价 /199
- 9.5 环境风险防范 /199
- 9.6 评价结论与建议 /200
- 思考题 /200

10 公众参与 /202

- 10.1 概述 /203
- 10.2 公众参与的内容与方式 /205
- 10.3 我国公众参与存在的问题及改善对策 /209
- 思考题 /211

11 规划环境影响评价

- 11.1 概述 /213
- 11.2 规划分析 /218
- 11.3 现状调查与评价 /219
- 11.4 环境影响识别与评价指标体系构建 /222
- 11.5 环境影响预测与评价 /224
- 11.6 规划方案综合论证和优化调整建议 /226
- 11.7 其他内容 /228
- 思考题 /230

实践学分部分

- 实践一 承接建设项目环境影响评价 /233
- 实践二 环评现场勘察 /234
- 实践三 现状监测计划的制定与监测数据的分析 /236
- 实践四 环境影响预测 /237
- 实践五 各环境要素的环境保护措施 /238
- 实践六 公众参与调查 /239
- 实践七 编写虚拟建设项目的环境影响评价文件 /240

参考文献 /241

1 环境影响评价简介

1.1 环境影响评价的产生与发展

1.1.1 国外环境影响评价的产生与发展

环境影响评价的概念最早是在1964年加拿大召开的国际环境质量评价会议上提出来的,而第一次把环境影响评价以法律形式固定下来,并建立了环境影响评价制度的是美国。1969年,美国的《国家环境政策法》中提出,在对人类环境质量具有重大影响的每项生态建议、其他重大联邦行动等,均应说明拟议中的行动将会对环境和自然资源产生的影响、采取的减缓措施以及替代方案等,并按法定程序进行审查。

日本最早在1963年的"产业公害调查"中有了环境影响评价的雏形,之后在1997年出台了环境影响评价法。韩国于1977年开始正式实施环境影响评价制度,并且在1993年颁布了环境影响评价法,规定了环评的对象、主体、时机、评价程序、公众意见及事后管理等。德国在1995年初颁布《环境影响评价管理实施条例》,2010年2月颁布《联邦环境影响评价法》,制定了环境影响评价的内容、流程、执行主体等。

现如今,已经有100多个国家先后建立了环境影响评价制度,同时,国际上也成立了许多环境影响评价的研究机构。各国环评研究者之间的交流与合作,有效促进了环境影响评价的应用与发展,也使环境影响评价的深度和广度得到不断丰富和发展,从最初关注单一的大气、地表水、噪声等环境要素的影响,到综合考虑生态、环境风险、社会经济等多种因素;并且开始实施区域开发环境影响评价、战略环境影响评价和环境影响后评价,逐步实现环评工作贯穿项目事前、事中、事后全过程。

1.1.2 我国环评制度的变迁

我国的环境影响评价制度是在借鉴国外经验的基础上,结合国情逐步建立和发展起来的一项具有中国特色的环境管理制度,规定在中华人民共和国领域和中华人民共和国管辖的其他海域内的生产性建设项目、非生产性建设项目和区域开发建设项目均必须执行环境影响评价制度。

总的来讲,我国的环境影响评价制度从20世纪70年代末的最初引入,到现今的制度化和专业化经历了3个发展阶段。

1.1.2.1 引入和确立阶段(1973—1979年)

1. 引进环境影响评价概念

1973年,第一次全国环境保护会议召开之后,环境影响评价的概念开始引入我国。高等院校、科研单位的一些专家学者,陆续从环境污染的角度开展了环境质量评价的研究,同年,"北京西郊质量评价研究"协作组成立,随后,官厅水库流域、南京市和茂名市相继开展了环境质量评价。

2. 建立环境影响评价制度

1979年9月,《中华人民共和国环境保护法(试行)》颁布,其中规定:"一切企业、事业单位的选址、设计、建设和生产,都必须注意防止对环境的污染和破坏。在进行新建、改建和扩建工程中,必须提出环境影响报告书,经环境保护主管部门和其他有关部门审查批准后才能进行设计。"环境影响评价制度得以法律的形式正式确立下来。同年,在国家支持下,北京师范大学等单位率先在江西永平铜矿开展了我国第一个建设项目的环境影响评价工作。

1.1.2.2 规范和建设阶段(1979—2012年)

(1)强化环评管理,细化环评文件编制要求。

1981年、1986年先后发布的《基本建设项目环境保护管理办法》,明确把环境影响评价制度纳入基本建设项目的审批程序中,进一步明确了建设项目环境影响评价的范围、内容、管理权限和责任,并对环境影响报告书(表)编制格式都做了规定。

1986年,国家环境保护局规定,经县以上政府机构批准成立的企、事业单位(如设计院、研究院、大专院校、专业评价公司等)可以申请建设项目环境影响评价证书,从事环境影响评价工作的单位必须具备国家环境保护局颁发的"评价证书"才能承接环评项目,逐步规范环评市场,加强建设项目环境影响评价工作管理。

1993年,国家环境保护局下发了《关于进一步做好建设项目环境保护管理工作的几点意见》,提出执行环境影响报告书(表)的审批制度,要求先评价,后建设。1993年到1997年间,国家环境保护局先后发布了总纲、大气、地表水、声环境、生态,以及电磁辐射、火电厂等环境影响评价技术导则,进一步确定了环评的内容和要求。

1998年,中华人民共和国国务院颁布了《建设项目环境保护管理条例》,提高了环境影响评价制度的立法规格,同时对环境影响评价的适用范围、评价介入时序、审批程序、法律责任等方面均做出了很大修改。1999年4月,原国家环境保护局发布了《关于公布建设项目环境保护分类管理名录(试行)的通知》,根据行业特点、项目规模和污染特征等因素,将环境影响评价文件分为环境影响报告书、环境影响报告表、环境影响登记表。

(2)完善环评制度。

2002年10月28日,第九届全国人大常委会通过了《中华人民共和国环境影响评价法》(以下简称环评法),并于2003年9月1日起正式实施。环评法扩大了环境影响评价的范围,增加了规划环境影响评价的内容,是我国环境影响评价制度发展历史上的一个新的里程碑,标志着我国的环境影响评价制度逐步迈向规范和完善,步入良性发展轨道。

2003年,国家环境保护总局颁布《规划环境影响评价技术导则(试行)》,明确规划环境影响评价的基本内容、工作程序、指标体系及评价方法等，并同有关部门制定并发布了编制规划环评文件的具体范围。

2004 年 2 月，人事部、国家环境保护总局决定在全国环境影响评价行业建立环境影响评价工程师职业资格制度，对环境影响评价这门科学和技术及其从业者提出了更高的要求。

1.1.2.3　改革、完善阶段（2012—）

环评法颁布之后，环评进入了快速发展期；同时，环保部门也根据实施中出现的问题颁布了一系列的新规定。

（1）取消红顶中介。

2013 年 11 月，环境保护部颁发《关于推进事业单位环境影响评价体制改革工作的通知》，环保行政主管部门所属事业单位、交通、水利、海洋等有关部门所属事业单位和大专院校等其他事业单位应加快推进环评体制改革，环保部门不再受理事业单位资质晋级、评价范围调整和环保部门所属事业单位资质延续申请。

（2）取消前置审批。

2014 年 12 中华人民共和国国务院办公厅关于印发《精简审批事项规范中介服务实行企业投资项目网上并联核准制度工作方案的通知》中，规定环评原则上不再作为前置审批条件，只保留规划选址、用地预审（用海预审）两项前置审批，其他审批事项实行并联办理。

（3）剥离公众参与。

2016 年 12 月 8 日，环境保护部发布《建设项目环境影响评价技术导则　总纲》，将公众参与和环境影响评价文件编制工作分离，删除了社会环境现状调查与评价相关内容，简化了建设项目与资源能源利用政策、国家产业政策相符性和资源利用合理性分析内容，简化了清洁生产与循环经济、污染物总量控制相关评价要求。

（4）修改报批时限。

2017 年 6 月，中华人民共和国国务院发布了修改后的《建设项目环境保护管理条例》，新条例删除了环评报告对水土保持和公众参与的要求，修改了之前环评在可研或初步设计阶段报批的要求，规定建设单位应当在开工建设前将环境影响报告书、环境影响报告表报有审批权的环境保护行政主管部门审批。

（5）衔接排污许可制度。

2021 年 3 月颁布的《排污许可管理条例》明确要求，排污单位应当向其生产经营场所所在地设区的市级以上地方人民政府生态环境主管部门申请取得排污许可证，并且申请取得排污许可证时，要求提交建设项目环境影响报告书（表）批准文件或者环境影响登记表备案材料。

（6）取消建设项目环评资质准入。

2019 年 9 月生态环境部颁布《建设项目环境影响报告书（表）编制监督管理办

法》，取消建设项目环评资质准入。同年10月，生态环境部再次颁布了《建设项目环境影响报告书（表）编制能力建设指南（试行）》等3个配套文件，规定了环境影响评价编制单位的人员配备、工作实践和保障条件等方面的要求，以及建设项目环境影响报告书（表）编制单位和编制人员信息公开管理规定、失信行为记分办法。

（7）启用环境影响评价信用平台。

2019年11月1日生态环境部启用全国统一的环境影响评价信用平台，建设项目环境影响报告书（表）的编制单位和编制人员应当按照《监督管理办法》和《建设项目环境影响报告书（表）编制单位和编制人员信息公开管理规定（试行）》的有关规定，通过信用平台提交本单位、本人以及编制完成的环境影响报告书（表）基本情况信息。

（8）修订建设项目环境影响评价分类管理名录、环评导则。

从2015年开始，环境保护部门先后多次修订了《建设项目环境影响评价分类管理名录》，重新梳理了环境敏感区，收严部分建设项目的环境影响评价等级，简化了环境影响较小的建设项目的评价内容，取消了环境影响很小的建设项目，如蛋品加工、餐饮娱乐洗浴场所、农业垦殖、普通仓库等编制环评文件的要求。

从2018年5月开始，生态环境部先后修订了规划环评导则，以及大气、地表水、生态、噪声环评导则，修改了部分环评等级划分要求，增加污染源核算和影响预测等内容，突出了环评工作的重点。

2021年，生态环境部对《建设项目环境影响报告表》内容、格式和编制技术要求上进行了较大调整，将报告表分为污染影响类和生态影响类两种格式，突出不同类型评价关注重点，再一次对报告篇幅进行了较大精简。

为充分发挥环评的源头准入把关重要作用，规范环评监督管理，提高环评效率、突出重点，生态环境部于2022年、2023年连续出台《关于做好重大投资项目环评工作的通知》、《关于进一步优化环境影响评价工作的意见》等改革文件。2024年9月，颁发《关于进一步深化环境影响评价改革的通知》，阐明了深化环评改革的总体思路，提出了开展环评文件标准化编制、智能化辅助审批，以及优化建设项目环评分级审批、环评分类管理等工作试点。

我国环境影响评价的内容和要求随着环保和经济发展的需求不断调整，从粗到细，又从繁入简，突出了环评的实用性，也体现了现今环评行业的显著特色。

1.2 与环境影响评价相关的基本概念

1.2.1 环境

1.2.1.1 环境的概念

环境是相对于某一中心事物而言的，构成中心事物的环境就是围绕中心事物的外部空间、条件和状况。我们常常是以人类为中心观察整个外部世界，因此，环境科学里的环境是指围绕着人类的外部世界，是人类赖以生存和发展的物质条件的综合体。

《中华人民共和国环境保护法》从法学的角度对环境概念进行阐述："本法所称环境，是指影响人类生存和发展的各种天然的和经过人工改造的自然因素的总体，包括大气、水、海洋、土地、矿藏、森林、草原、湿地、野生生物、自然遗迹、人文遗迹、自然保护区、风景名胜区、城市和乡村等。"

从环境的定义可知，环境既包括自然因素，也包括社会因素。由此，整体而言，环境影响评价的内容应该从自然环境和社会环境两个方面展开，即除对大气、水、噪声、生态、固废等环境要素的影响评价之外，还包括社会经济、文化、文物古迹、城市建设、民风民俗等因子的影响评价。但在实际应用中，为了充分发挥环境影响评价的作用，目前评价的重点是规划和建设项目可能产生的环境污染、生态环境影响，以及相关的环保措施，而社会经济、城市发展等社会环境影响的评价内容不再是评价的主要内容。

1.2.1.2　环境的特点

1. 整体性与区域性

整体性是环境的最基本特性。由于环境系统内各组成单元之间存在着协同或对抗作用，外界对环境产生的影响通常不是引起单一的单元反应，而是对两个或两个以上的单元发生作用，其影响不是简单的加和，往往影响过程非常复杂，结果难以预料。

环境的区域性是指环境在区域上的差异。处于不同区域、空间的环境之间的差异可能十分明显，这也正是造成生态系统多样性、生物多样性的一个重要原因。

2. 变动性与稳定性

从哲学的观点来看，事物总是处于不断运动的过程中。环境的变动性不仅仅体现在环境表观上的变化，还体现在其内部结构的不断变动上。

环境稳定性是指环境的自我调控能力，即在一定限度范围内，环境具有削弱外界影响、自主恢复的能力，但是超过一定的限度，稳定性将遭到破坏，从而导致环境发生变化。

3. 资源性与价值性

环境提供了人类生存与发展所必须的物质、能量，从这个意义上来说，环境即资源，而资源就具备自身的价值。环境资源包括物质资源与非物质资源两大类型，其中环境的物质资源包括物质与能量，如森林、矿产、淡水、空气、阳光等。环境的非物质资源主要指社会、人文、政治等等。

1.2.1.3　与环境相关的概念

1. 环境系统

所谓系统，是指由一些相互联系、相互制约的若干组成部分结合而成的，具有特定功能的一个有机整体（集合）。

环境系统是由各环境要素或环境各组成部分按一定的相互数量关系与空间位置关系，通过特定的相互作用构成的，具有特定结构与功能的有机整体。

2. 环境要素

环境要素是指构成环境整体的各个独立、性质各异而又服从总体演化规律的基本物质组成，也叫环境基质，通常是指大气、水、声、振动、生物、土壤、放射性、电磁等。

生物要素的各子要素之间、各非生物要素之间、生物和非生物要素之间彼此作用，且相互密切联系，所以，研究某个环境问题时，必须综合考虑各种环境要素的变化，不能仅考虑单一要素的影响。

3. 环境因子

环境要素是由一个个环境因子组成的，组成各环境要素的环境因子并不固定。环境因子大体可以划分为以下四类：

① 地质与气候因子：包括经纬度、海拔高度、水深、地形、气温、雨量、气压、湿度等。一般认为，地质与气候因子是造成环境区域性的重要原因。

② 化学因子：包括土壤、大气及水中的各种分子，如大气里的各组成成分氧气、氮气、二氧化硫、氮氧化物等。

③ 生物因子：是指各种有机体。环境的特性通过生物因子能够强烈地表达出来。

④ 物理因子：包括声、光、电磁、热、力、振动、核辐射等。与化学因子、生物因子不同，声、光、热、力、振动等物理因子属于能量型的存在，在环境中不会有残余物质。引起物理性污染的声、光、热、电磁场等在环境中也是客观存在的，它们只有在环境中的量过高或过低时，才会造成污染或异常。

在环境影响评价中，受影响的环境因子通常作为评价因子，如根据环境现状质量和项目污染物排放特点，水环境可以设置 COD_{cr}、BOD_5、悬浮物质、石油类等作为评价因子，大气环境可以设置 TSP、SO_2 等作为评价因子。

1.2.1.4 环境容量

环境容量是指对一定区域，根据其自然净化能力，在特定的污染源布局和结构条件下达到环境目标值所允许的污染物最大排放量。环境容量按环境要素可细分为大气环境容量、水环境容量、土壤环境容量和生物环境容量、人口环境容量、城市环境容量等。

各区域的环境容量随地域特征、环境要素、评价时期及对环境质量要求的不同而有很大差异。某区域环境容量的大小，与该区域本身的组成、结构及其功能有关。

通过人为的调节，控制环境的物理、化学及生物学过程，改变物质的循环转化方式，可以提高环境容量，改善环境的污染状况。

1.2.1.5 环境敏感区

环境敏感区是非常重要的概念,是确立环境影响评价文件类型以及确定环境要素的评价等级的重要指标之一。环境影响评价应当就规划或建设项目对环境敏感区的影响做重点分析。

环境敏感区的划分要求,在《环境影响评价技术导则 总纲》、《建设项目环境影响评价分类管理名录》,及各专项环评导则中有略微不同。根据现行《建设项目环境影响评价分类管理名录》给出的定义,环境敏感区是指依法设立的各级各类保护区域和对建设项目产生的环境影响特别敏感的区域,主要包括下列区域:

(1)国家公园、自然保护区、风景名胜区、世界文化和自然遗产地、海洋特别保护区、饮用水水源保护区。

(2)除(1)外的生态保护红线管控范围,永久基本农田、基本草原、自然公园(森林公园、地质公园、海洋公园等)、重要湿地、天然林,重点保护野生动物栖息地,重点保护野生植物生长繁殖地,重要水生生物的自然产卵场、索饵场、越冬场和洄游通道、天然渔场,水土流失重点预防区和重点治理区、沙化土地封禁保护区、封闭及半封闭海域。

(3)以居住、医疗卫生、文化教育、科研、行政办公为主要功能的区域,以及文物保护单位。

1.2.2 环境影响

1.2.2.1 环境影响的概念

环境影响是指人类活动对环境的作用和环境变化引起的人类社会和经济活动的改变,包括人类活动对环境的作用和环境对人类的反作用两个层次。

环境影响既强调人类活动对环境的作用,又强调这种变化对人类的反作用,即认识和评价人类活动使环境发生了或将发生哪些变化,同时也分析这些变化会对人类社会产生什么样的效应。

环境影响的大小是相对的,因为环境影响的程度是由造成环境影响的源和受影响的环境(受体)两方面构成的,比如高强度噪声是影响医院、学校、居民住宅区等噪声敏感区域的重要污染因子,但是在荒漠等人烟罕见地区,噪声不是评价的重要内容;另外,同样是铁路建设,在青藏高原等生态脆弱区的开工作业,其生态环境影响远远大于在成都平原等人类活动频繁区域的施工建设。

1.2.2.2 环境影响的分类

从不同的角度的来分,环境影响有多种分类。按影响来源分,环境影响分为直接影响、间接影响和累积影响;按照影响效果分,环境影响可分为有利影响和不利影响;按影响性质分,环境影响可分为可恢复影响和不可恢复影响;另外,从影响时限看，环境影响还可分为短期影响和长期影响；从影响地域分，可以分为地方、区域影响或国家、全球影响等；从项目生命周期角度，可分为准备期、施工期、运行期、服务期满（或退役期）的环境影响等。

环评最常见的环境影响分析是从项目生命周期角度进行分析，其中以施工期、运行期的环境影响为重点，对某些在前期勘察过程中会产生环境影响的项目，或者在项目运行结束后还会对环境造成持续影响的项目要进行准备期、服务期满（或退役期）的环境影响分析，比如石油开采项目、垃圾填埋场项目等。

累积影响是指当一种活动的影响与过去、现在及将来可预见活动的影响叠加时，造成环境影响的后果。累积影响是分析的难点，现今应用较少，但可能是将来开展环境影响评价研究的热点内容。

1.2.3 环境影响评价

1.2.3.1 环境影响评价的概念

依据环评法给出的定义，环境影响评价是指对规划和建设项目实施后可能造成的环境影响进行分析、预测和评估，提出预防或者减轻不良环境影响的对策和措施，进行跟踪监测的方法与制度。

从定义可知，环境影响评价主要的评价对象是规划和建设项目，评价的重点是环境影响预测评价和环保措施分析，目的是保护自然和生态环境，实现经济建设与环境保护的双赢。

1.2.3.2 环境影响评价的分类

从评价对象的角度，环境影响评价可以分为规划环境影响评价和建设项目环境影响评价。

根据建设项目的环境影响大小，可以分成环境影响报告书、环境影响报告表、环境影响登记表三种。

再者，从评价的环境要素角度，可以分为大气环境影响评价、地表水环境影响评价、地下水环境影响评价、声环境影响评价、生态环境影响评价、土壤环境影响评价，以及景观环境影响评价等。

根据编制内容的时间顺序，环境影响评价一般分为回顾性评价、环境现状评价、环境影响预测评价及环境影响后评价。

1.2.3.3 环境影响评价的作用和意义

环境影响评价是一项技术，也是平衡社会经济开发活动和环境保护的桥梁，是正确指导社会经济活动，使之符合国家总体利益和长远利益、强化环境管理的有效手段，对确定经济发展方向和保护环境等一系列重大决策都有重要作用。

环境影响评价是对一个地区的自然条件、资源条件、环境质量条件和社会经济发展现状进行综合分析研究的过程，它根据一个地区的环境、社会、资源的综合能力，把人类活动对环境的不利影响限制到最小，其作用和意义表现在以下几个方面：

① 保证建设项目选址和布局的合理性。环境影响评价从建设项目所在地区的整体性出发，综合分析建设项目的选址和布局对区域环境的影响，并进行不同方案的比较和取舍，选择环境最优办法，保证建设选址和布局的合理性。

② 指导环境保护设计，强化环境管理。一般而言，开发建设和生产活动都会不可避免带来一定的环境污染或生态破坏。2018年1月正式实施的《中华人民共和国环境保护税法》规定，直接向环境排放应税污染物的企业事业单位和其他生产经营者应当依法缴纳环境保护税，这一政策的实施，将进一步促进企业注重环境保护设计和强化环境管理。而环境影响评价的重点就是在项目开工建设之前，针对具体的开发建设活动或生产活动，结合区域的环境特征，充分论证污染治理设施的技术经济和环境可行性，将环境污染或生态破坏限制在最小范围内。

③ 为区域发展提供导向。环境影响评价，特别是规划环境影响评价，主要是对区域的自然条件、资源条件、社会条件和经济发展等进行综合评价，分析该地区的资源利用现状和环境容量，从而对该地区的发展方向、发展规模、产业结构和产业布局等做出科学的决策和规划，指导区域开发活动，实现可持续发展。

④ 促进相关环境科学技术的发展。环境影响评价涉及自然科学和社会科学的广泛领域，包括基础理论研究和应用技术开发。环境影响评价工作中遇到的问题，必然会促进相关环境科学研究的进一步发展，进而推动相关环境科学技术的进步。

1.2.4 环境影响后评价

环境影响后评价是在项目建成且稳定运行一定时期后，对其实际产生的环境影响及污染防治、生态保护、风险防范措施的有效性进行跟踪监测和验证评价，提出补救方案或改进措施，以提高环境影响评价有效性的方法与制度。

需要开展环境影响后评价的项目，包括穿越重要生态环境敏感区的建设项目，或者环境影响程度和范围较大，且主要环境影响在项目建成运行一定时期后逐步显现的建设项目，如水利水电、采掘、港口、铁路等；另外，还包括建设地点敏感且持续排放重金属或持久性有机污染物的建设项目，或者如冶金、石化和有机化工等有重大环境风险的建设项目。

开展环境影响后评价有两方面的目的：一是对环境影响评价的结论、环境保护对策措施的有效性进行验证；另一方面是对项目建设中或运行后发现或产生的新问题进行分析，提出补救或改进方案，并报原环境影响文件审批部门和项目审批部门备案。这一举措，是环境影响评价工作的延续，使得项目全过程的环境管理成为可能。

1.2.5 "三线一单"

原环境保护部在 2016 年 10 月发布的"关于以改善环境质量为核心加强环境影响评价管理的通知"文件中，提出了"三线一单"的要求，即生态保护红线、环境质量底线、资源利用上线、生态环境准入清单，对开展环境影响评价提出了新的思路。2021 年 11 月，生态环境部在《关于实施"三线一单"生态环境分区管控的指导意见（试行）》中提出，要落实"三线一单"生态环境分区管控要求，坚决制止违反生态环境准入清单规定进行生产建设活动的行为，强化生态环境源头防控。

1. 生态保护红线

生态保护红线是指在生态空间范围内具有特殊重要生态功能、必须强制性严格保护的区域，是保障和维护国家生态安全的底线和生命线，通常包括具有重要水源涵养、生物多样性维护、水土保持、防风固沙、海岸生态稳定等功能的生态功能重要区域，以及水土流失、土地沙化、石漠化、盐渍化等生态环境敏感脆弱区域。

除受自然条件限制、确实无法避让的铁路、公路、航道、防洪、管道、干渠、通信、输变电等重要基础设施项目外，在生态保护红线范围内，严控各类开发建设活动，依法不予审批新建工业项目和矿产开发项目的环评文件。

2. 环境质量底线

环境质量底线是指按照水、大气、土壤环境质量不断优化的原则，结合环境质量现状和相关规划、功能区划要求，考虑环境质量改善潜力，确定的分区域分阶段环境质量目标及相应的环境管控、污染物排放控制等要求，是改善环境质量的基准线。

3. 资源利用上线

资源是环境的载体，资源利用上线是以保障生态安全和改善环境质量为目的，结合自然资源开发管控，提出的分区域分阶段的资源开发利用总量、强度、效率等管控要求，是各地区能源、水、土地等资源消耗不得突破的"天花板"。

4. 生态环境准入清单

生态环境准入清单是指基于环境管控单元，统筹考虑生态保护红线、环境质量底线、资源利用上线的管控要求，以清单形式提出的空间布局、污染物排放、环境风险防控、资源开发利用等方面生态环境准入要求。

1.3 相关法律法规、部门规章与标准体系

1.3.1 法律法规、部门规章

环境保护的法律法规及部门规章反映的是国家、地区的环境政策，是环境影响评价的主要依据。

我国环境保护的法律法规体系是以《中华人民共和国宪法》(简称《宪法》)关于环境保护的规定为基础,以综合性环境基本法为核心,以关于环境保护的规定为补充,由若干相互联系协调的环境保护法律、法规、规章、标准及国际条约所组成的一个完整而又相对独立的法律法规体系。

1. 宪法中关于环境保护的规定

宪法是环境保护立法的依据和指导原则。2018年修改通过的《宪法》第九条规定:"国家保障自然资源的合理利用,保护珍贵的动物和植物。禁止任何组织或者个人用任何手段侵占或者破坏自然资源。"第二十六条规定:"国家保护和改善生活环境和生态环境,防治污染和其他公害。"第二十二条规定:"国家保护名胜古迹、珍贵文物和其他重要历史文化遗产"。

2. 环境与资源保护基本法

除宪法之外,在环境与资源保护法律体系中占有核心的最高地位的是环境与资源保护基本法,它是其他单行环境与资源保护法规的立法依据。

我国的环境与资源保护基本法是《中华人民共和国环境保护法》,该法从1979年9月13日首次颁布之后,先后于1989年、2014年等进行了修订。该法明确规定了环境影响评价制度的相关要求,要求有关开发利用规划以及对环境有影响的建设项目,应当依法进行环境影响评价。未依法进行环境影响评价的开发利用规划,不得组织实施;未依法进行环境影响评价的建设项目,不得开工建设。

3. 环境与资源保护单行法

环境与资源保护单行法是针对特定的污染防治对象或资源保护对象,或者针对特定的社会关系而制定的规范性法律文件,是编制环境影响评价文件的重要依据。

《中华人民共和国环境影响评价法》是一部独特的环境保护单行法,最初从2003年9月1日正式实施之后,又先后于2016年、2018年进行了修订。该法规定了实施规划和建设项目环境影响评价文件的类型、实施范围、主要内容,还有审批权限及法律责任等,进一步规范了环境影响评价制度。

其他的环境与资源保护单行法主要分自然资源保护、污染防治等方面,其中:自然资源保护方面,如《中华人民共和国森林法》、《中华人民共和国草原法》、《中华人民共和国渔业法》、《中华人民共和国矿产资源法》、《中华人民共和国土地管理法》、《中华人民共和国水法》、《中华人民共和国野生动物保护法》、《中华人民共和国水土保持法》、《中华人民共和国气象法》等。

污染防治方面,如《中华人民共和国水污染防治法》、《中华人民共和国大气污染防治法》、《中华人民共和国固体废物污染环境防治法》、《中华人民共和国环境噪声污染防治法》、《中华人民共和国海洋环境保护法》、《中华人民共和国清洁生产促进法》、《中华人民共和国放射性污染防治法》等。

4. 行政法规与部门规章

环境保护行政法规是由中华人民共和国国务院制定并公布的环境保护规范文件，环境保护部门规章是由中华人民共和国国务院环境保护行政主管部门单独发布或者与中华人民共和国国务院有关部门联合发布的环境保护规范性文件。与环境影响评价有关的，如《建设项目环境保护管理条例》《建设项目环境影响评价分类管理名录》、《环境影响评价公众参与办法》等。

5. 环境保护地方性法规和地方政府规章

环境保护地方法规和地方政府规章是地方权力机关和地方行政机关依据宪法和相关法律法规制定的环境保护规范性文件。这些规范性文件是根据本地的实际情况和特殊的环境问题，为实施环境保护法律法规而制定的，具有较强的可操作性。

1.3.2 环境标准

环境标准是国家为了保护人体健康，促进生态良性循环，实现社会经济发展目标，根据国家的环境政策和法规，在综合考虑自然环境特征、社会经济条件和科学技术水平的基础上，规定环境中污染物的允许含量和污染源排放污染物的数量、浓度、时间和速率及其他有关技术规范。

由于环境包括空气、水、土壤等诸多要素，环境问题又涉及许多行业和部门，各行业和部门对环境要素的要求也不同，因而环境标准只能分门别类地制定，所有这些分门别类的标准的总和构成了环境标准体系。环境标准体系不是一成不变的，它随一定时期的技术经济水平及人类对环境质量的要求而不断地发展和完善。

从 1973 年发布的第一个国家环境保护标准《工业"三废"排放试行标准》开始至今，我国的环境保护标准制定工作已有 50 年的历史，已初步形成以国家环境质量标准、国家污染物排放标准为主体，与国家环境监测方法标准、国家环境标准样品标准、国家环境基础标准和国家环境保护行业标准相配套的国家环境保护标准体系。

1.3.2.1 国家环境标准

国家环境标准包括国家环境质量标准、国家污染物排放（控制）标准、国家环境监测方法标准、国家环境标准样品标准、国家环境基础标准。

① 国家环境质量标准是为保障人体健康、维护生态和保障社会物质财富，并考虑技术、经济条件，对环境中有害物质和因素所做的限制性规定。包括《环境空气质量标准》（GB 3095）、《地表水环境质量标准》（GB 3838）、《声环境质量标准》（GB 3096）、《土壤环境质量标准》（GB 15618）等。国家环境质量标准是在一定时期内衡量环境优劣程度的标准，从某种意义上讲是环境质量的目标标准。

② 国家污染物排放（控制）标准是根据国家环境质量标准，以及适用的污染控制技术，并考虑经济承受能力，对排入环境的有害物质和产生污染的各种因素所作的限制性规定，是对污染源控制的标准，如《大气污染物综合排放标准》(GB 16297)、《污水综合排放标准》(GB 8978)、《工业企业厂界环境噪声排放标准》(GB 12348)等。

③ 国家环境监测方法标准是为监测环境质量和污染物排放，规范采样、分析测试、数据处理等所做的统一规定，如水质分析方法标准、水质采样法等。

④ 国家环境标准样品标准是为保证环境监测数据的准确、可靠，对用于量值传递或质量控制的材料、实物样品而制定的标准，如土壤标准样品、水质标准样品等。标准样品在环境管理中起着甄别的作用，可用来评价分析仪器、鉴别其灵敏度，评价分析者的技术，使操作技术规范化。

⑤ 国家环境基础标准是在制定环境标准的工作中，对需要统一的技术术语、符号、代号（代码）、图形、指南、导则、量纲单位及信息编码等所做的统一规定，如制定地方大气污染物排放标准的技术方法，制定地方水污染物排放标准的技术原则和方法，环境保护标准的编制、出版、印刷标准等。

国家环境标准又分为强制性环境标准和推荐性环境标准。环境质量标准、污染物排放标准和法律法规规定必须执行的其他标准为强制性标准。强制性环境标准必须执行，超标即违法。强制性标准以外的环境标准属于推荐性标准。国家鼓励采用推荐性标准，推荐性环境标准被强制性标准引用，也必须强制执行。

1.3.2.2 地方环境标准

地方环境标准是对国家环境标准的补充和完善，由省、自治区、直辖市人民政府制定。为控制环境质量的恶化趋势，一些地方已将总量控制指标纳入地方环境标准。

① 地方环境质量标准：对国家环境质量标准中未做规定的项目，可以制定地方环境质量标准。

② 地方污染物排放（控制）标准：对国家污染物排放标准中未做规定的项目，可以制定地方污染物排放标准。对国家污染物排放标准已规定的项目，可以制定严于国家污染物排放标准的地方污染物排放标准；但是，省、自治区、直辖市人民政府制定机动车、船大气污染物地方排放标准严于国家排放标准的，须报经中华人民共和国国务院批准。

1.3.2.3 国家环境保护部门标准

国家环境保护部门标准是指对需要在环境保护工作中统一的技术要求而又没有国家环境标准时而制定的标准，包括执行各项环境管理制度、监测技术、环境区划、规划的技术要求、规范、导则等。

1.3.2.4 环境标准之间的关系

① 国家环境标准与地方环境标准：从执行上，地方环境标准优先国家环境标准。

② 国家污染物排放标准又分为跨行业综合性排放标准和行业性排放标准。

属于跨行业综合性排放标准的，如《污水综合排放标准》(GB8978)、《大气污染物综合排放标准》(GB16297)、《锅炉大气污染物排放标准》(GB13271)等。

属于行业性排放标准的，如《火电厂大气污染物排放标准》(GB 13223)、《合成氨工业水污染物排放标准》(GB 13458)、《制浆造纸工业水污染物排放标准》(GB 3544)等。

跨行业综合性排放标准与行业性排放标准不交叉执行，即有行业性排放标准的执行行业性排放标准，没有行业性排放标准的执行跨行业综合性排放标准。

我国的环境标准根据科技的发展、技术经济的进步、民众环保意识的提高，以及环境保护要求的变化而不断更新，因此，在编制环境影响评价文件中，引用相关环境标准时必须使用最新颁布的标准。

1.3.3 与环评相关的标准与部门规章等

1.3.3.1 环境影响评价技术导则

环境影响评价相关的技术导则的适用对象包括规划和建设项目，内容涉及总纲、各环境要素及环境风险等。

（1）总纲：如，《建设项目环境影响评价技术导则 总纲》(HJ 2.1)、《规划环境影响评价技术导则 总纲》(HJ 130)。

（2）各环境要素的环评导则：如，《环境影响评价技术导则 生态影响》(HJ 19)、《环境影响评价技术导则 大气环境》(HJ2.2)、《环境影响评价技术导则 地表水环境》(HJ 2.3)等。

（3）各行业的环评导则：如，《环境影响评价技术导则 钢铁建设项目》(HJ 708)、《环境影响评价技术导则 城市轨道交通》(HJ453)等。

（4）区域与规划的环评导则：如，《规划环境影响评价技术导则 流域综合规划》(HJ 1218)、《规划环境影响评价技术导则 产业园区》(HJ 131)等。

（5）其他与环评相关的技术规范：如，《建设项目环境风险评价技术导则》(HJ 169)、《生态环境健康风险评估技术指南 总纲》(HJ 1111)等。

1.3.3.2 污染源源强核算技术指南

污染源源强核算技术指南包括污染源源强核算准则和火电、造纸、水泥、钢铁等行业污染源源强核算技术指南。

1.3.3.3 生态环境保护相关标准

与生态环境保护相关的标准，包括《生态环境状况评价技术规范》(HJ 192)、《生物多样性观测技术导则 两栖动物》(HJ 710.6)、《外来物种环境风险评估技术导则》(HJ 624)、《区域生物多样性评价标准》(HJ 623)、《山岳型风景资源开发环境影响评价指标体系》(HJ/T 6)等。

1.3.3.4 环境影响评价有关的其他部分管理文件

与环境影响评价有关的其他文件,包括《建设项目环境影响评价分类管理名录》、《建设项目环境保护管理条例》等。另外,《国民经济行业分类》、《产业结构调整指导目录》等相关规定也与环境影响评价工作息息相关。

思考题

1. 简述什么是环境、环境影响、环境影响评价?
2. 结合环评发展历程,试分析我国环境影响评价的发展方向。
3. 简述我国环境影响评价的法律法规体系。

2　环境影响评价管理

环境影响评价的评价对象是规划和建设项目。根据《中华人民共和国环境影响评价法》规定,对环境可能造成重大影响、轻度影响和影响很小的建设项目,应分别编制环境影响报告书、环境影响报告表和填写环境影响登记表;而对"一地三域"规划及"十个专项"规划中的指导性规划,应编制与该规划有关环境影响的篇章或说明;对"十个专项"规划中的非指导性规划,应编制环境影响报告书。

2.1 建设项目环境影响评价管理

建设项目环境影响评价的重点是分析预测项目施工、运行可能造成的环境影响,论证拟采取环境保护措施的可行性,提出跟踪监测的制度和要求,以期为建设单位实施合理的环境保护策略及环境管理部门监督执法提供依据。

2.1.1 介入时期

一般来讲,建设项目从前期准备到服务结束整个周期中,有设计期(或准备期)、施工期、运行期、服务期满四个阶段。根据建设规模和建设类型不同,前期准备阶段的主要工作内容和深度存在较大差异。大型建设项目,如高速铁路、公路、大型化工企业一般会设置项目建议书、预可研、可研、初步设计、施工图设计等多个阶段,中小型的项目可能只有项目建议书、可研阶段,有些小型项目,如餐饮、干洗店等甚至并没有项目建议书等资料。

环评工作的介入时期,可以从项目建议书、可研、初步设计等阶段开始,但不管是大中型,还是小型建设项目,都必须在项目开工建设之前完成环评手续。虽然建设项目的建设周期和步骤各不相同,但从作用来讲,环评越早介入越好。通常,对于高铁、水利水电、大型化工等等大型建设项目,在设计初期开始进行环境影响评价,对合理选址选线、确定建设规模和环保措施是非常有利的。

根据环评法及有关规定,建设单位未依法报批建设项目环境影响报告书、报告表,或者未依规定重新报批或者报请重新审核环境影响报告书、报告表,擅自开工建设的,由县级以上生态环境主管部门责令停止建设,根据违法情节和危害后果,处建设项目总投资额百分之一以上百分之五以下的罚款,并可以责令恢复原状;对建设单位中直接负责的主管人员和其他直接责任人员,依法给予行政处分。建设单位有关责任人员属于公职人员的,应按照国家有关规定将案件移送有管辖权的监察机关,依纪依规依法给予处分。大型建设项目各阶段划分如图2-1-1所示。

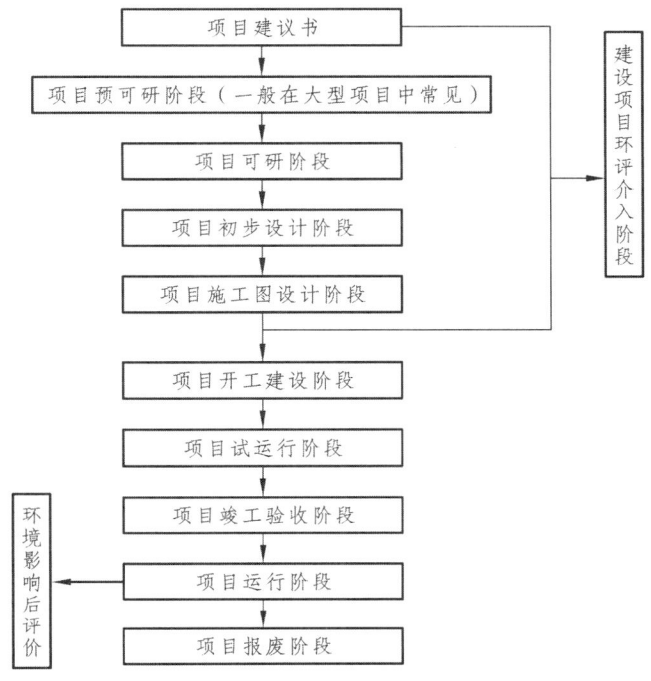

图 2-1-1 大型建设项目各阶段划分

2.1.2 分类管理

建设项目对环境的影响大小与建设地点、建设内容与规模、建设地点、工艺过程等有密切关系。不同行业的建设项目其环境影响大相径庭，但即使是相同的行业，生产规模不同、工艺及原材料不同时，其产生的污染物种类和数量也有着很大差别，从而导致环境影响的深度和广度各有不同；而且即使是同类行业中规模和工艺等都相似的建设项目，当所处区域的地形及气候条件不同、区域敏感程度不同时，其对环境的影响也明显不同。因此，环境影响评价文件依据行业特点、项目规模和污染特征，以及区域环境特征等因素实施分类管理，是提高环境影响评价工作效率的有效手段。

建设项目的环境影响评价文件分为三种类型：

（1）对环境可能造成重大的不利影响的：需要编写环境影响报告书。

（2）对环境可能产生有限的不利影响的：直接编写环境影响报告表。

（3）对环境影响极小的建设项目：只填报环境影响登记表。

评价文件的具体划分要求参考生态环境部颁布的《建设项目环境影响评价分类管理名录》。名录未作规定的建设项目，一般不纳入建设项目环境影响评价管理；省级生态环境主管部门对未作规定的建设项目，认为确有必要纳入建设项目环境影响评价管理的，可以提出环境影响评价分类管理的建议，报生态环境部认定后实施。

环境影响报告书和环境影响报告表的内容和格式按照环评相关导则及规定编写完成后,报环保部门审批,而环境影响登记表直接采用网上备案方式,在线填报并提交建设项目环境影响登记表,不再需要编写详细的环评报告,因此更为简便、快捷。

建设项目环境影响评价分类管理,突出了环境管理的科学性和有效性,既可以有效预防重大项目建设对环境产生的不利影响,又可以简化小型项目的环评手续,加快前期工作进度,从而让环评制度更适应目前我国社会经济发展和环境保护形势的变化需求,提高环境影响评价的可操作性和实用性。

2.1.3 分级审批

我国对环评文件实行分级审批,原则上按照建设项目的审批、核准和备案权限及建设项目对环境的影响的深度和广度确定,分为生态环境部、省(直辖市、自治区)、市、县(区)等不同级别的审批权限,具体要求参照《建设项目环境影响评价文件分级审批规定》,以及各省、市、自治区颁布的地方性的环境影响评价文件分级审批的要求。

其中,由生态环境部负责审批下列类型的建设项目环境影响评价文件:
① 核设施、绝密工程等特殊性质的建设项目。
② 跨省、自治区、直辖市行政区域的新建铁路、水库、输油(气)干线管网等建设项目。
③ 由中华人民共和国国务院审批或核准的建设项目,由中华人民共和国国务院授权有关部门审批或核准的建设项目,由中华人民共和国国务院有关部门备案的对环境可能造成重大影响的特殊性质的建设项目。

其余建设项目,由各省、自治区、直辖市制定相应的分级审批要求,将环境影响评价文件的审批权限再细分为省(自治区、直辖市)、市、区(县)不同级别。建设项目可能造成跨行政区域的不良环境影响,有关环境保护部门对该项目的环境影响评价结论有争议的,其环境影响评价文件由共同的上一级环境保护部门审批。

2.1.4 重新报批

建设项目具有以下情况时,已批复的环评文件需要重新报批:
(1)建设性质、规模等发生重大变动。
根据环评法第二十四条,建设项目的环境影响评价文件经批准后,建设项目的性质、规模、地点、采用的生产工艺或者防治污染、防止生态破坏的措施发生重大变动的,建设单位应当在发生重大变动的建设内容开工建设前重新报批建设项目的环境影响评价文件。原环境保护部在2015年发布环办〔2015〕52号《关于印发〈环评管理中部分行业建设项目重大变动清单〉的通知》中补充说明，属于重大变动的应当重新报批环境影响评价文件，不属于重大变动的纳入竣工环境保护验收管理。之后环境保护部、生态环境部相继颁布了输变电、制浆造纸等十四个行业、铀矿冶建设项目等重大变动清单，进一步补充完善了环评管理工作。

（2）开工时间发生重大变动。

建设项目的环境影响评价文件自批准之日起超过五年，方决定该项目开工建设的，其环境影响评价文件应当报原审批部门重新审核；原审批部门应当自收到建设项目环境影响评价文件之日起十日内，将审核意见书面通知建设单位。

2.1.5　工作程序

一般建设项目环境影响评价工作分为三个阶段，即调查分析和工作方案制定阶段、分析论证和预测评价阶段、环境影响报告书（表）编制阶段。

调查分析和工作方案制定阶段：首先研究建设项目与相关法律法规、各类相关规划的符合性，参照《建设项目环境影响评价分类管理名录》确定环境影响评价文件类型，熟悉项目建设内容，开展初步工程分析和现状调查，确定评价等级、评价范围、评价重点及环境保护目标等，制定工作方案。

分析论证和预测评价阶段：开展详细的环境现状调查和工程分析，必要时进行现状监测，预测项目建设对各环境要素的影响，开展各专题环境影响分析与评价。

环境影响报告书（表）编制阶段：根据环境影响预测结果，拟定污染物排放清单，分析拟采取的环境保护措施的可行性，得出环评结论，编制环境影响评价文件。

建设项目环境影响评价工作程序详见图2-1-2。

2.1.5.1　分析建设项目与相关法律法规的符合性

开展环境影响评价工作之前，首先应分析判定建设项目选址选线、规模、性质和工艺路线等与国家和地方有关环境保护法律法规、标准、政策、规范、相关规划、规划环境影响评价结论及审查意见的符合性，并与生态保护红线、环境质量底线、资源利用上线和生态环境准入清单进行对照。

2.1.5.2　确定环境影响评价文件类型

根据《建设项目环境影响评价分类管理名录》要求，确定环境影响评价文件类型，即判断项目应该编制环境影响报告书、环境影响报告表还是环境影响登记表，进一步制定工作计划。

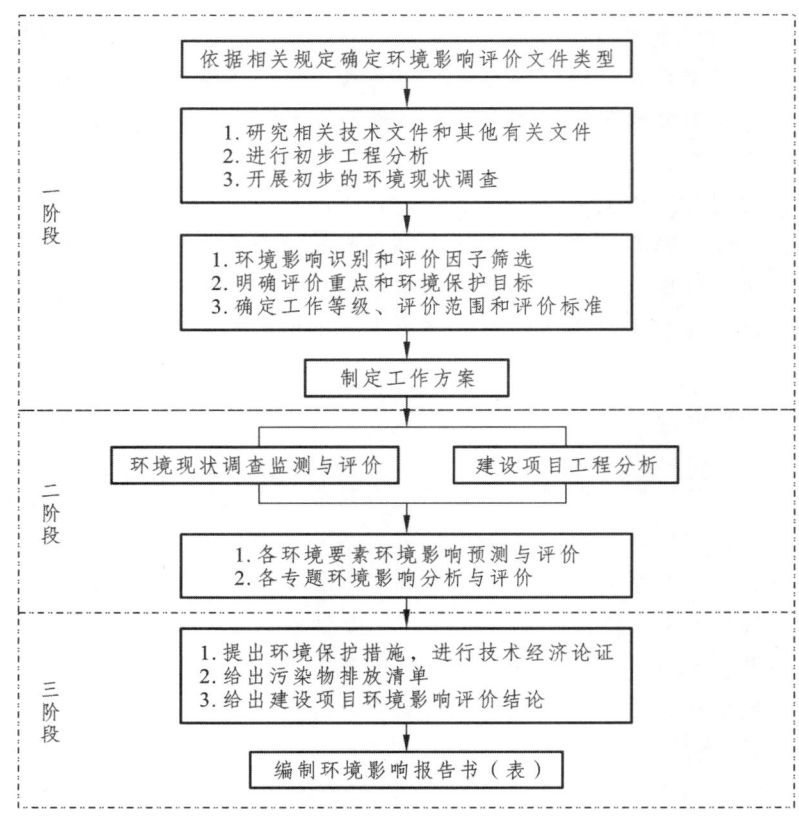

图 2-1-2　建设项目环境影响评价工作程序图

2.1.5.3　评价等级划分

环境影响评价工作等级一般按环境要素（大气、地表水、地下水、声、生态等）分别划定。各单项环境要素评价划分为三个工作等级，等级划分的详细规定，可参阅相应导则要求。一般来讲，单项环境要素评价工作等级的划分依据有如下几点：

● 项目的工程特点，包括工程性质、工程规模、能源、水及其他资源的使用量和类型，污染物排放特点（污染物的种类、性质、排放量、排放方式、排放去向、排放浓度）等；

● 建设项目所在地区的环境特征，包括自然环境条件和特点、环境敏感程度、环境质量现状、生态系统功能与特点、自然资源等，以及建设项目实施后可能引起现有环境特征发生变化的范围和程度；

● 相关法律法规、标准及规划，包括环境质量标准和污染物排放标准等。

不同的环境影响评价工作等级，要求的环境影响评价深度不同。

● 一级评价：要求最高，要对单项环境要素的环境影响进行全面、细致和深入的评价，对该环境要素的现状调查、影响预测与评价、环保措施的提出，一般都要求比较全面和深入，并应当采用定量计算来完成；

- 二级评价：要对单项环境要素的重点环境影响进行详细、深入评价，一般要采用定量计算和定性描述来完成；
- 三级评价：对单项环境要素的环境影响进行一般评价，可通过定性描述来完成。

一般来说，环境影响报告书均需要按照各环境要素分别划分评价等级，各单项影响评价的工作等级不一定相同，如对于某一具体建设项目的环境影响报告书，可以是地表水三级评价、大气一级评价、噪声二级评价等等。

编制环境影响报告表的建设项目，各单项影响评价的工作等级一般均低于三级，故一般不再单独进行等级划分。个别影响较大的项目须设置评价专题的，其评价等级按单项环境影响评价导则要求进行。

2.1.5.4 评价范围

根据建设项目所在地区的环境特点，结合各单项评价的工作等级、工程和环境特征，分别确定各环境要素，如地表水、大气、地下水、生态等现状调查、影响预测的范围，筛选调查和预测参数。原则上现状调查及预测范围应大于评价区域，对评价区域边界以外的附近地区，若遇有重要的污染源时，调查范围应适当扩大。

2.1.5.5 开展工程分析

详读与项目有关的规划、规划环评等资料，以及项目可行性研究报告或者初步设计、施工图设计等相关文件，进一步明确项目组成，根据项目情况分析准备期、施工期、运行期、服务期满等不同时期产生的环境影响。

对污染影响型项目，要依据工艺流程确定排污环节和主要污染物，分析项目排放污染物的位置、种类、数量、方式，并对可研等提出的环保措施进行初步分析。对生态影响型项目，重点分析项目施工方式和运行方式对生态环境的影响。

2.1.5.6 环境现状调查

环境现状调查是开展预测评价的基础，虽然各项目（或专题）所要求的现状调查内容不同，但其调查目的都是为了充分掌握项目所在区域环境质量现状或本底值，为后续的环境影响的预测、评价和累积效应分析以及运行期的环境管理提供基础数据。

环境现状调查着重于调查自然环境、环境质量现状和区域污染源分布等相关内容，通常包括：

① 地理位置。
② 地貌、地质和土壤情况，水系分布和水文情况，气候与气象。
③ 矿藏、植被、水产、野生动植物、农产品、动物产品等情况。
④ 大气、水、声、土壤等环境质量现状。
⑤ 环境功能情况（特别注意环境敏感区）及重要的政治文化设施。
⑥ 人群健康状况及地方病情况。

⑦ 其他环境污染和破坏的现状。

环境现状调查首先应尽量搜集各相关部门规划、公开的环境质量监测数据、县志等现有资料，认真分析筛选。同时，还需要结合项目选址、建设内容及规模、总平面布置图等设计资料，进行现场调查，必要时开展大气、地表水、地下水、噪声等环境要素的现状监测。如项目区域涉及环境敏感区的，应对可能受项目影响的敏感区开展详细调查。

2.1.5.7 环境影响预测

环境影响预测包括各环境要素的影响评价和各专题环境影响评价。其中对环境要素的评价是指对大气环境、水环境、声环境、生态环境等分别进行预测评价。各专题环境影响评价包括环境风险、环境经济损益分析等内容。

建设项目从筹备到服务结束，一般有准备期、施工期、运行期、服务期满（或退役）阶段四个阶段。通常情况下，项目环评均需要预测施工期、运行期环境影响，另外，由于每个项目环境影响特征各不相同，在勘察前期或项目结束后可能产生环境污染、生态破坏的项目需要做准备期或者服务期满的环境影响评价。

对前期准备期中有勘察选线、钻探等现场作业的项目，应该预测准备期的环境影响。而需要对服务期满进行环境影响评价的，主要是项目结束后仍然会产生环境影响的项目，如垃圾填埋场、矿产开采、核设施等等。以垃圾填埋场项目为例，填埋场封场后还会在相当长的时间内产生渗滤液和填埋气体污染环境，因此，必须对封场后，即服务期满进行环境影响评价，并提出相应的环境保护措施。

预测时段应考虑污染物在环境中的衰减变化，一般情况要重点考虑两个时段，即污染物衰减能力最差的时期（即环境净化能力最低的时期）和污染物衰减能力一般的时期。如果评价时间较短，评价工作等级又较低时，可只预测环境净化能力最低的时期。

污染物预测的主要内容是分析项目排放的污染物进入环境之后可能引起的各种环境质量参数变化。环境质量参数包括两类：一类是常规参数，一类是特征参数。前者反映该评价项目的一般质量状况，后者反映与该评价项目排放污染物有关的评价因子的环境质量状况。

生态环境影响的项目，主要预测项目施工与运行造成的土地利用改变、植被破坏、水土流失、水文情势改变等。评价范围内有环境敏感区的，还需预测项目建设对环境敏感区的影响，特别是涉及到自然保护区、世界遗产地等特殊敏感目标的，应该预测项目选址选线与保护区规划的符合性，以及项目施工和运行对保护区保护对象的影响等等。

2.1.5.8 环保措施

对于污染影响型项目，要根据工程分析及环境影响预测结果，分析项目设计文件提出的环保措施的可行性，结合项目周边环境现状和技术经济发展现状，提出可行的补充措施和建议。

对于生态影响型项目，需要根据项目产生的生态破坏的范围、影响程度、影响方式等预测结果，提出相应的绕避、补偿、重建、恢复等生态环境保护措施。

2.1.5.9 环境影响评价结论

结合环境现状调查、预测评价、环保措施论证等分析结果，得出建设项目的环境影响可行或不可行的结论。

2.1.6 建设项目环境影响评价文件的编制

2.1.6.1 环境影响评价原则

实施环境影响评价有利于从源头预防和减少环境破坏。环境影响评价文件（报告书、报告表）是环境影响评价工作成果的集中体现，是环境影响评价承担单位向其委托单位（工程建设单位或其主管单位）提交，并报相关环境保护部门审批的工作文件。经环境保护主管部门审查批准的环境影响报告书（表），是主管部门对建设项目作出正确决策所依据的重要技术文件之一，是设计单位开展环境保护设计的重要参考文件，对建设单位在准备期、施工期、运行期，甚至是服务期满（或退役期）阶段实施环境管理起着重要的指导作用。因此，全面分析、实事求是、突出重点、科学预测是编写环境影响报告书（表）的基本要求。在编写时应遵循下述原则：

1. 依法评价

我国环境保护相关政策随着社会经济技术和环保要求不断更新调整，特别是与环评有关的环境标准、环评导则在不断修订，环境影响评价必须要贯彻执行我国环境保护相关的最新颁布的法律法规、标准、政策等，优化项目建设，服务环境管理。

2. 科学预测

规范环境影响评价方法，科学分析项目建设对大气、地表水、地下水、噪声及生态环境等环境要素的影响，并分析环保措施的技术经济可行性。

3. 重点突出

根据建设项目的工程特性，明确项目施工、运行等行为与环境要素间的作用效应关系。充分利用符合时效的数据资料及成果，对建设项目主要环境影响予以重点分析和评价。有规划环境影响评价的，还要优先考虑规划环评的结论和审查意见。

2.1.6.2 环境影响评价的主线

由于建设项目所属行业类别、建设地点和规模各不相同，对环境的影响差别很大，环评文件的具体编制内容也就有很大差异。但是，虽然众多项目产生的环境影响各不相同，环境影响评价的主线基本是确定的，即环境影响评价的编制要点集中在源强分析、环境现状、影响预测、环保措施四大内容。也就是深入、细致分析项目产生的污染源强，并结合环境现状基础资料进行影响预测，再根据预测结果开展相应的环保措施论证，最后才能给出项目可行与不可行的结论。

1. 源强分析

建设项目的施工和运行对环境产生的影响主要是污染影响和生态影响，因此，影响源分析主要集中在污染源强分析和生态影响源强分析两个方面。

2018年以来，生态环境部颁布了一系列污染源源强核算技术指南，包括污染源源强核算准则和火电、造纸、水泥、钢铁等行业污染源源强核算技术指南，明确规定源强核算的相关要求，包括污染源识别、污染物确定、核算方法、参数确定、结果汇总等。源强分析要根据正常工况和非正常工况的不同排污情况，详细分析污染物的产生位置、产生量、产生浓度、排放方式等，为开展进一步的环境影响预测提供基础资料。

生态影响源分析的主要内容包括项目的施工时序、施工方式、运行和调度方式等。如水利水电项目，对环境的影响主要在占地施工造成的土地利用性质变化、运行调度引起的水文情势改变等生态环境变化。

2. 环境现状

环境现状调查的主要内容是利用现有资料或现状监测数据，分析大气、地表水、噪声等环境质量达标、超标情况，以明确区域的环境容量。

同时，需要调查区域生态环境现状，分析生态系统类型、珍稀植物和动物分布情况，关注主要生态环境敏感目标及生态环境问题。

3. 影响预测

在源强分析的基础上，运用导则推荐的预测模型，分析污染排放对区域环境质量的影响，判断项目达标排放和区域环境质量达标的可行性。

对生态影响型项目，要确定生态环境影响的范围和影响程度，预测占地开挖引起的植被破坏，以及项目调度运行引起的水文情势改变等生态环境变化，以及对自然保护区等环境敏感保护目标产生的不良影响等。

4. 环保措施

根据环境影响预测及环境现状分析结果，分析大气、地表水、地下水、噪声、固体废物的环保措施，并评价实现污染物达标排放以及区域环境质量达标的可行性。

针对项目可能产生的生态环境影响，分析可行的生态环境保护措施，包括施工方式及施工时序、弃土场设置与生态恢复、水库运行调度，以及珍稀野生动物和植物的保护措施等。

对有可能产生环境风险的项目，要进行环境风险识别，并开展环境风险预测，进一步提出合理的环境风险防范措施。

2.1.6.3 环境影响报告书的编写要求

根据《中华人民共和国环境影响评价法》，建设项目的环境影响报告书应当包括下列内容：

① 建设项目概况。
② 建设项目周围环境现状。
③ 建设项目对环境可能造成影响的分析、预测和评估。
④ 建设项目环境保护措施及其技术、经济论证。
⑤ 建设项目对环境影响的经济损益分析。
⑥ 对建设项目实施环境监测的建议。
⑦ 环境影响评价的结论。

同时，环境影响报告书的编写要满足以下基本要求：

（1）环评报告需内容全面、重点突出，详细说明建设项目中与环境保护相关的建设内容，明确可能产生的主要环境问题及可行的环保措施，科学给出环评结论。

（2）环评报告中应概括地反映环境影响评价的全部工作成果。其中，工程分析应体现工程特点，环境现状调查应反映环境特征，主要环境问题应阐述清楚，影响预测方法应科学，预测结果应可信，环境保护措施应可行、有效，评价结论应明确。

（3）文字应简洁、准确，文本应规范，计量单位应标准化，数据应真实、可信，资料应翔实，应强化先进信息技术的应用。

（4）附件应齐全、清楚且完整，图表信息应满足环境质量现状评价和环境影响预测评价的要求。

建设项目的环境影响评价应避免与规划的环境影响评价相重复，作为一项整体建设项目的规划，按照建设项目进行环境影响评价，不进行规划的环境影响评价。已经进行了环境影响评价的规划所包含的具体建设项目，其环境影响评价内容可以简化。

2.1.6.4 环境影响报告表的编写要求

环境影响报告表应采用规定格式。生态环境部于 2020 年 12 月 24 日发布《关于印发<建设项目环境影响报告表>内容、格式及编制技术指南的通知》，根据建设项目环境影响特点将报告表分为污染影响类和生态影响类，配套制定了建设项目环境影响报告表编制的格式和内容要求。新版本突出了不同类型项目环境影响评价的关注重点，明确了专项设置原则和数量限制，简化了一般项目的环境质量现状监测要求，取消了各专项环境要素的评价等级判定，衔接了污染类项目的排污许可，增加了生态环境保护措施监督检查清单，既精简了报告内容，又突出了重点与要求。

2.1.7 建设项目环境影响评价文件审查要求

生态环境部对建设项目环境影响报告书（表）的审查要求，根据生态环境部 2020

年11月5日颁布的《建设项目环境影响报告书（表）审批程序规定》，主要集中在法律法规及环境功能区划的符合性、达标排放和环保措施的可行性等方面。

① 建设项目类型及其选址、布局、规模等是否符合生态环境保护法律法规和相关法定规划、区划，是否符合规划环境影响报告书及审查意见，是否符合区域生态保护红线、环境质量底线、资源利用上线和生态环境准入清单管控要求。

② 建设项目所在区域生态环境质量是否满足相应环境功能区划要求、区域环境质量改善目标管理要求、区域重点污染物排放总量控制要求。

③ 拟采取的污染防治措施能否确保污染物排放达到国家和地方排放标准；拟采取的生态保护措施能否有效预防和控制生态破坏；可能产生放射性污染的，拟采取的防治措施能否有效预防和控制放射性污染。

④ 改建、扩建和技术改造项目，是否针对项目原有环境污染和生态破坏提出有效防治措施。

⑤ 环境影响报告书（表）编制内容、编制质量是否符合有关要求。

另外，按照《建设项目环境保护管理条例》规定，建设项目有下列情形之一的，环境保护行政主管部门应当对环境影响报告书、环境影响报告表作出不予批准的决定：

① 建设项目类型及其选址、布局、规模等不符合环境保护法律法规和相关法定规划。

② 所在区域环境质量未达到国家或者地方环境质量标准，且建设项目拟采取的措施不能满足区域环境质量改善目标管理要求。

③ 建设项目采取的污染防治措施无法确保污染物排放达到国家和地方排放标准，或者未采取必要措施预防和控制生态破坏。

④ 改建、扩建和技术改造项目，未针对项目原有环境污染和生态破坏提出有效防治措施。

⑤ 建设项目的环境影响报告书、环境影响报告表的基础资料数据明显不实，内容存在重大缺陷、遗漏，或者环境影响评价结论不明确、不合理。

2.2 规划环境影响评价管理

规划环境影响评价文件有两种，一种是编制环境影响篇章或说明，一种是编制规划环境影响报告书。

2.2.1 编制环境影响篇章或说明的规划的具体范围

《中华人民共和国环境影响评价法》对规划环境影响评价范围作出了详细的规定：中华人民共和国国务院有关部门、设区的市级以上地方人民政府及其有关部门，对其组织编制的土地利用有关规划，区域、流域、海域的建设、开发利用规划，应当在规划编制过程中进行环境影响评价，编写该规划有关的环境影响的篇章或者说明。

编制环境影响篇章或说明的规划，主要是指涉及范围较大的综合性规划，如国家经济区规划、全国水资源战略规划，全国防洪规划、全国工业有关行业发展规划、全国乡镇企业发展规划及渔业发展规划、全国旅游区的总体发展规划，以及设区的市级以上矿产资源勘查规划等指导性规划。

2.2.2 编制环境影响报告书的规划具体范围

根据《中华人民共和国环境影响评价法》，中华人民共和国国务院有关部门、设区的市级以上地方人民政府及其有关部门，对其组织编制的工业、农业、畜牧业、林业、能源、水利、交通、城市建设、旅游、自然资源开发的有关专项规划（以下简称专项规划），应当在该专项规划草案上报审批前，组织进行环境影响评价，并向审批该专项规划的机关提出环境影响报告书。

根据原国家环境保护总局 2004 年颁布的《关于印发〈编制环境影响报告书的规划的具体范围（试行）〉和〈编制环境影响篇章或说明的规划的具体范围（试行）〉的通知》，需要编制环境影响报告书的规划包括：

① 工业的有关专项规划。如省级及设区的市级工业各行业规划。

② 农业的有关专项规划。如设区的市级以上种植业发展规划，省级及设区的市级渔业发展规划，省级及设区的市级乡镇企业发展规划。

③ 畜牧业的有关专项规划。如省级及设区的市级畜牧业发展规划，省级及设区的市级草原建设、利用规划。

④ 能源的有关专项规划。如油（气）田总体开发方案，设区的市级以上流域水电规划。

⑤ 水利的有关专项规划。如流域、区域涉及江河、湖泊开发利用的水资源开发利用综合规划和供水、水力发电等专业规划，设区的市级以上跨流域调水规划；设区的市级以上地下水资源开发利用规划。

⑥ 交通的有关专项规划。如流域（区域）、省级内河航运规划，国道网、省道网及设区的市级交通规划，主要港口和地区性重要港口总体规划，城际铁路网建设规划，集装箱中心站布点规划，地方铁路建设规划。

⑦ 城市建设的有关专项规划。如直辖市及设区的市级城市专项规划。

⑧ 旅游的有关专项规划。如省级及设区的市级旅游区的发展总体规划。

⑨ 自然资源开发的有关专项规划。如对矿产资源，设区的市级以上矿产资源开发利用规划；对土地资源，设区的市级以上土地开发整理规划；对海洋资源，设区的市级以上海洋自然资源开发利用规划；对气候资源开发利用规划。

2.2.3 规划环评的编写要求

按照《中华人民共和国环境影响评价法》的要求，专项规划的环境影响报告书应当包括下列内容：
① 实施该规划对环境可能造成影响的分析、预测和评估。
② 预防或者减轻不良环境影响的对策和措施。
③ 环境影响评价的结论。

规划环评的格式和内容要求，参照环保部门发布的《规划环境影响评价技术导则 总纲》中的规定。在规划环评结论和审查意见中要明确"三线一单"相关管控要求，探索清单式管理，并推动将管控要求纳入规划。

2.2.4 规划环评与建设项目环评的联动

规划环评对科学指导项目布局具有很好的指导作用，因此，应该加强规划环评与建设项目环评联动。规划环评要作为规划所包含项目环评的重要依据，对于不符合规划环评结论及审查意见的项目环评，依法不予审批。规划所包含项目的环评内容，应当根据规划环评结论和审查意见予以简化。

2.3 环境影响评价质量管理

2.3.1 环境影响评价工程师制度

我国从 2004 年 4 月 1 日起在全国实施环境影响评价工程师职业资格制度，凡从事环境影响评价、技术评估和环境保护验收的单位，应配备环境影响评价工程师。环境影响评价工程师职业资格制度纳入全国专业技术人员职业资格证书制度统一管理。

2.3.1.1 考试科目及时间

一般要取得环境影响评价工程师职业资格证，须在连续的 2 个考试年度通过《环境影响评价相关法律法规》、《环境影响评价技术导则与标准》、《环境影响评价技术方法》和《环境影响评价案例分析》4 个科目。考试分 4 个半天进行，各科目的考试时间均为 3 小时，采用闭卷笔答方式。

对长期在环境影响评价岗位上工作，并符合相应条件的从业人员可免试《环境影响评价技术导则与标准》、《环境影响评价技术方法》2 个科目，但须在 1 年内通过《环境影响评价相关法律法规》和《环境影响评价案例分析》2 个科目的考试。

2.3.1.2 报考条件

环境影响评价工程师职业资格实行全国统一大纲、统一命题、统一组织的考试制度。原则上每年举行 1 次，时间一般在五月中旬。凡遵守国家法律、法规，恪守职业道德，并具备以下条件之一者，可申请参加环境影响评价工程师职业资格考试：

（1）取得环境保护相关专业大专学历，从事环境影响评价工作满 7 年；或取得其他专业大专学历，从事环境影响评价工作满 8 年。

（2）取得环境保护相关专业学士学位，从事环境影响评价工作满 5 年；或取得其他专业学士学位，从事环境影响评价工作满 6 年。

（3）取得环境保护相关专业硕士学位，从事环境影响评价工作满 2 年；或取得其他专业硕士学位，从事环境影响评价工作满 3 年。

（4）取得环境保护相关专业博士学位，从事环境影响评价工作满 1 年；或取得其他专业博士学位，从事环境影响评价工作满 2 年。

环境影响评价工程师职业资格考试合格，颁发人事部统一印制的中华人民共和国环境影响评价工程师职业资格证书。

2.3.2　环评编制单位及人员要求

1. 编制单位要求

生态环境部 2019 年颁布的《建设项目环境影响报告书（表）编制监督管理办法》，取消了环评资质的要求，建设单位可以自行编制或者委托具备环境影响评价技术能力的技术单位对其建设项目开展环境影响评价，编制环境影响报告书（表）。同时，建设单位应当对环境影响报告书（表）的内容和结论负责；技术单位对其编制的环境影响报告书（表）承担相应责任。

2. 编制人员要求

环境影响报告书（表）的编制主持人和主要编制人员应当为编制单位中的全职人员，环境影响报告书（表）的编制主持人还应当为取得环境影响评价工程师职业资格证书的人员。

编制环境影响报告书的单位，要配备全职专业技术人员，全职人员中配备一定数量近 3 年内作为编制主持人主持编制过相应类别环境影响报告书（表）的环境影响评价工程师和从事环境影响评价工作 5 年以上的环境影响评价工程师。编制重点项目环境影响报告书的单位，还需要配备从事环境影响评价工作 10 年以上的环境影响评价工程师；编制核与辐射类别重点项目（输变电项目除外）环境影响报告书的单位，全职人员中同时配备一定数量的注册核安全工程师。

3. 信用管理

2019 年 11 月 1 日起，生态环境部启用全国统一的环境影响评价信用平台，环评编制单位和编制人员通过信用平台提交本单位、本人以及编制完成的环境影响报告书（表）基本情况信息。设区的市级以上生态环境主管部门对信用管理对象失信行为实施失信记分，并在作出失信记分决定后五个工作日内，将相关信息上传至信用平台。

信用管理对象失信行为的记分周期为一年，自信用管理对象在全国统一的环境影响评价信用平台建立诚信档案之日起计算。失信记分的警示分数为一个记分周期内累计失信记分10分。失信记分的限制分数为一个记分周期内失信记分直接达到20分或者实时累计达到20分。

实施信用管理，有利于明确失信行为的具体情形和相关要求，以失信记分为依据，营造守信者受益、失信者难行的良性市场秩序，建立守信激励和失信约束的奖惩机制。

2.3.3 环评报告质量管理

为保障环评文件的质量，促进环评市场良性循环，生态环境部通过定期或不定期抽查的方式，开展编制单位和编制人员情况检查。同时，省级和市级生态环境主管部门也可以对所在行政区域内进行抽查。

根据2019年11月实施的《建设项目环境影响报告书（表）编制监督管理办法》第二十六条，在监督检查过程中发现环境影响报告书（表）不符合有关环境影响评价法律法规、标准和技术规范等规定、存在质量问题之一的，由市级以上生态环境主管部门对建设单位、技术单位和编制人员给予通报批评：

① 评价因子中遗漏建设项目相关行业污染源源强核算或者污染物排放标准规定的相关污染物的。

② 降低环境影响评价工作等级，降低环境影响评价标准，或者缩小环境影响评价范围的。

③ 建设项目概况描述不全或者错误的。

④ 环境影响因素分析不全或者错误的。

⑤ 污染源源强核算内容不全，核算方法或者结果错误的。

⑥ 环境质量现状数据来源、监测因子、监测频次或者布点等不符合相关规定，或者所引用数据无效的。

⑦ 遗漏环境保护目标，或环境保护目标与建设项目位置关系描述不明确或错误的。

⑧ 环境影响评价范围内的相关环境要素现状调查与评价、区域污染源调查内容不全或者结果错误的。

⑨ 环境影响预测与评价方法或者结果错误，或者相关环境要素、环境风险预测与评价内容不全的。

⑩ 未按相关规定提出环境保护措施，所提环境保护措施或者其可行性论证不符合相关规定的。

根据《建设项目环境影响报告书（表）编制监督管理办法》第二十七条，在监督检查过程中发现环境影响报告书（表）存在下列严重质量问题之一的，由市级以上生态环境主管部门依照《中华人民共和国环境影响评价法》第三十二条的规定，对建设单位及其相关人员、技术单位、编制人员予以处罚：

① 建设项目概况中的建设地点、主体工程及其生产工艺，或者改扩建和技术改造项目的现有工程基本情况、污染物排放及达标情况等描述不全或者错误的。

② 遗漏自然保护区、饮用水水源保护区或者以居住、医疗卫生、文化教育为主要功能的区域等环境保护目标的。

③ 未开展环境影响评价范围内的相关环境要素现状调查与评价，或者编造相关内容、结果的。

④ 未开展相关环境要素或者环境风险预测与评价，或者编造相关内容、结果的。

⑤ 所提环境保护措施无法确保污染物排放达到国家和地方排放标准或者有效预防和控制生态破坏，未针对建设项目可能产生的或者原有环境污染和生态破坏提出有效防治措施的。

⑥ 建设项目所在区域环境质量未达到国家或者地方环境质量标准，所提环境保护措施不能满足区域环境质量改善目标管理相关要求的。

⑦ 建设项目类型及其选址、布局、规模等不符合环境保护法律法规和相关法定规划，但给出环境影响可行结论的。

⑧ 其他基础资料明显不实，内容有重大缺陷、遗漏、虚假，或者环境影响评价结论不正确、不合理的。

思考题

1. 按照分类管理要求，说说我国环境影响评价文件类别及划分要求。
2. 根据《环境影响评价技术导则 总纲》，哪些属于环境敏感区？
3. 环境现状调查的主要内容有哪些？
4. 简述建设项目环境影响评价的主要内容。
5. 简述规划环评文件的类型及编制的具体范围。
6. 简述编写合格环境影响报告书的要求。

3 环境影响识别与工程分析

环境影响是指人类活动对环境的作用和环境变化对人类社会和经济的制约，包括人类活动对环境的作用和环境对人类的反作用两个层次。环境影响识别就是要找出可能受影响的环境因素，特别是受到重大影响的环境因素，初步分析项目对环境造成的有利、不利、直接、间接、累积影响等，识别主要的环境影响，以提高环境影响预测的针对性，增加环境影响综合分析的可靠性和污染防治对策的有效性。

环境影响识别应该在了解和分析建设项目所在区域发展规划、环境保护规划、环境功能区划、生态功能区划、生态红线要求及环境质量现状，以及与项目有关的行业规划、专项规划等资料基础上，识别项目建设或规划实施的直接和间接行为，分析可能受影响的环境因素。

环境影响评价的主线是源强分析、环境现状、影响预测、环保措施，其中最核心、最主要的内容集中在源强分析，如果源强分析错误，那么接下来的影响预测、环保措施都会出现错误，而源强分析的核心就是环境影响识别和工程分析。环境影响识别与工程分析如图3-1-1所示。

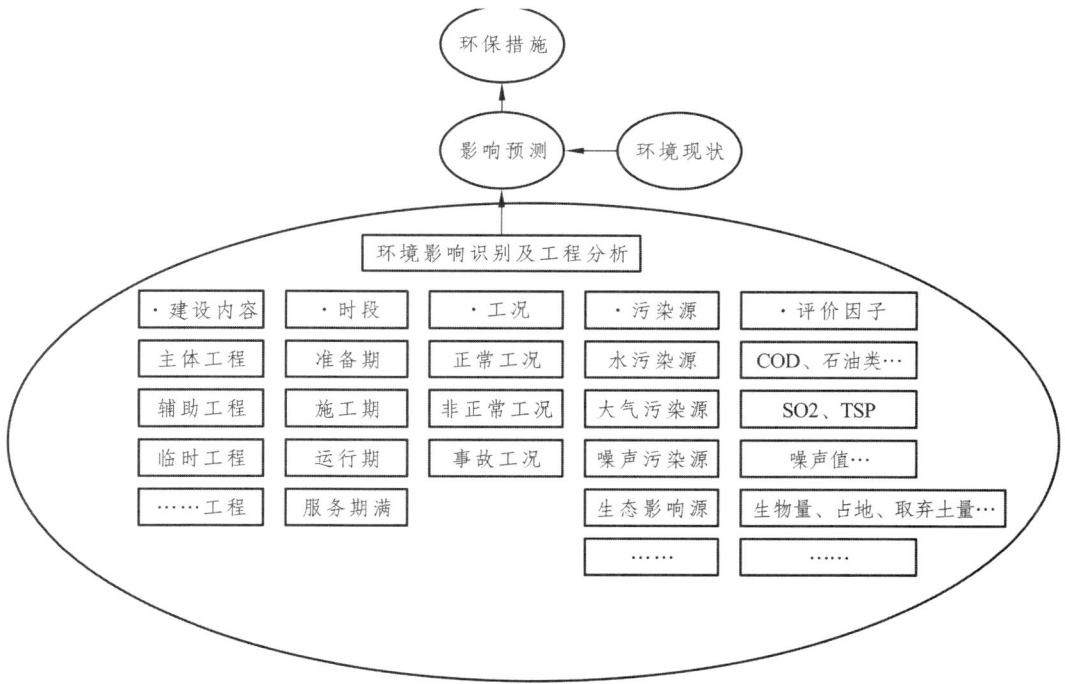

图 3-1-1 环境影响识别与工程分析

3.1 环境影响识别

环境影响识别既包括项目本身对环境的影响，也包括环境对项目的制约作用。环境影响识别的内容要兼顾环境影响因子的识别与环境影响活动（过程）的识别。

3.1.1 环境影响因子识别

对某项建设工程进行环境影响识别,首先要分析该工程影响地区的生态现状及环境质量现状,确定环境影响评价的工作范围及主要的环境保护目标。在此基础上,根据工程的组成、特性、功能,以及项目环境影响的主要特征,结合工程影响地区的环境功能要求和环境制约因素等等多方面内容,筛选评价因子。

评价因子须能够反映建设项目排污特征,以及与项目建设有关的区域环境状况。

3.1.2 环境影响活动识别

环境影响活动识别,主要针对建设项目本身而言,识别项目从设计、施工、运行,甚至服务期满(或退役期)整个活动过程对环境产生的影响,分析项目主体工程、公用工程、临时工程、辅助工程等等项目组成及建设、运行状况等,识别各工程行为的环境影响。

3.1.3 环境影响识别主要内容

根据《环境影响评价技术导则 总纲》要求,在开展环境影响识别时应明确建设项目在建设阶段、生产运行、服务期满(可根据项目情况选择)等不同阶段的各种行为与可能受影响的环境要素间的作用效应关系、影响性质、影响范围、影响程度等,定性分析建设项目对各环境要素可能产生的污染影响与生态影响,包括有利与不利影响、长期与短期影响、可逆与不可逆影响、直接与间接影响、累积与非累积影响等。

在开展环境影响识别时,对建设项目实施形成制约的关键环境因素或条件,应作为重点识别内容,同时根据项目特征,分污染影响型和生态影响型分别开展分析。

项目在建设阶段的环境影响主要是从污染影响和生态影响两个方面展开。其中污染影响主要是施工过程中产生的大气、水、噪声、固废等污染物对环境的影响,如建筑材料、设备、运输、装卸、贮存的影响;施工机械、车辆噪声和振动的影响等。生态环境影响主要是土地利用、填埋疏浚、土石方作业等对生物多样性、植被、野生物的生境破坏等。

项目生产运行阶段的污染影响主要是分析物料流、能源流的环境影响,以及污染物对自然环境(大气、水体、土壤)及社会、文化环境的影响。生态环境影响主要是项目运行对植物、动物以及其他生态环境因子的影响等。另外,项目运行对人群健康的影响,以及危险设备事故的风险影响、环保设备(措施)的环境、经济影响等也需要进行分析预测。

服务期满的环境影响,目前主要是针对项目结束后仍然会造成较大环境污染的项目。如采掘项目在采矿结束后,剩余的矿渣露天堆砌时,存在于废渣、废矿中的各种形式的污染物会随着降雨、水土流失等现象污染土壤、地表水和地下水;垃圾填埋场项目在封场后，还将继续产生渗滤液和填埋气体，如不收集处置，不仅会污染地表水体和地下水，还可能污染大气环境，同时可能会伴生环境风险；另外，核设施项目在服务期满，可能还会产生一定的放射性污染问题。

3.1.4 环境影响识别的方法

环境影响识别要尽可能客观、全面。建设项目的环境影响随行业类型、建设性质、规模、产品结构、生产工艺等不同而大相径庭。同时，由于项目所处区域的自然环境不同，其环境影响也有所差异。目前，环评工作中常用的环境影响识别方法是清单法、类比法、矩阵法、网络法、地理信息系统支持下的叠加图法等。

另外，对受影响的环境因素（环境资源）先作简单的分类，可以简化影响识别过程、突出有价值的环境因子。国际比较流行的是美国防军工程团和美国环境质量委员会提出的环境资源分类方法，目前已归纳出工业工程类、能源工程类、水利工程类、交通工程类、农业工程类等对环境资源有比较显著影响的工程项目的主要环境影响识别表可供参考。

3.2 污染源评价

3.2.1 简介

3.2.1.1 污染源

1. 基本概念

污染源是指造成环境污染的污染物发生源，通常指向环境排放有害物质或对环境产生有害影响的场所、设备或装置等。

2. 分类

根据污染源性质、污染物、环境要素等因素，可以将污染源分为多种类别。

按照污染源性质，污染源可以分为自然污染源和人为污染源。其中，自然污染源又可以分为生物污染源（如寄生虫、病原体、鼠、蚊、蝇）和非生物污染源（如火山、地震等）；人为污染源可分为生产污染源（如工业、农业、交通运输等）和生活污染源（如住宅、旅游、宾馆、餐饮等）。

按污染物的性质，可以分为物理污染源、化学污染源、生物污染源。

按污染源对环境要素的影响，可以分为大气污染源、水体污染源、土壤污染源、生物污染源。

按生产行业，可分为工业污染源、农业污染源、交通运输污染源、生活污染源等。

环境影响评价中，主要分析的内容是人为污染源的影响，特别是规划或建设项目引起的大气污染源、水体污染源、土壤污染源、生物污染源等对外环境的影响。

3. 污染源源强

源强是指对产生或排放污染物强度的度量,包括废气源强、废水源强、噪声源强、振动源强、固体废物源强等。

废气、废水源强是指污染源单位时间内产生的废气、废水污染物的数量。通常包括废气和废水污染源正常排放和非正常排放,不包括事故排放。

噪声源强是指噪声污染源的强度,即反映噪声辐射强度和特征的指标,通常用辐射噪声的声功率级或确定环境条件下、确定距离的声压级(均含频谱)以及指向性等特征来表示。

振动源强是指振动污染源的强度,即反映振动源强度的加速度、速度或位移等特征指标,通常用参考点垂直于地面方向的 Z 振级表示。

固体废物源强是指污染源单位时间内产生的固体废物的数量。

3.2.1.2 污染物

1. 基本概念

污染物是指任何以不适当的浓度、数量、速度、形态和途径进入环境系统并对环境产生污染或破坏的物质或能量。

2. 分类

根据污染的产生过程可分为一次污染物和二次污染物。其中:一次污染物是指由污染源释放的直接危害人体健康或导致环境质量下降的污染物;二次污染物是一次污染物在物理、化学因素或生物作用下发生变化,或与环境中的其他物质发生反应所形成的物化特征与一次污染物不同的新污染物。二次污染物通常比一次污染物对环境和人体的危害更为严重。

按照污染物的物理、化学、生物特征来分,可分为物理污染物、化学污染物、生物污染物和综合污染物。

按环境要素分类,可分为大气污染物、水环境污染物、土壤污染物等。大气污染物可通过降水转变为水污染物和土壤污染物;水污染物可通过灌溉转变为土壤污染物,进而可通过蒸发或挥发转变为大气污染物;土壤污染物可通过扬尘转变为大气污染物,也可通过径流转变为水污染物。因此,这三者是可以相互转化的。

3. 污染物产生量及污染物排放量

污染物产生量是指污染源生成某种污染物的数量。污染物排放量是指污染源排入环境或其他设施的某种污染物的数量。

一般产生污染物的建设项目会设置污染处理设施,并且要在达到相关排放标准后排入环境,或者将水污染物排入污水处理厂、大气污染物进入烟气处理站,以及设置声屏障降低噪声等环境保护措施，因此，污染物排放量通常小于污染物产生量。

3.2.1.3 非正常工况与事故排放

1. 非正常工况

非正常工况是指在正常运行时，工艺装备和环保措施达不到设计要求时的一种异常排污，有两种情况，分别是指生产设施非正常工况和污染防治（控制）设施非正常状况。其中生产设施非正常工况指开停炉（机）、设备检修、工艺设备运转异常等工况，污染防治（控制）设施非正常状况指达不到应有治理效率或同步运转率等情况，如收尘器堵截而不得不短路运行、污水处理场受到雨水冲击而发生未及时处理现象等。

2. 事故排放

事故排放是指生产中由于人为或自然原因而发生的事故，如突发泄漏、火灾、爆炸等情况下污染物的排放。

非正常工况和事故排放是不一样。前者是可以预见会发生的，而且相对来讲，其产生的污染物种类、浓度等等是可以大致预测的，而事故排放却具有不确定性的，一旦发生，其产生的污染物种类、数量及影响范围较大，后果相对较为严重，预测难度更大。

3.2.2 污染源分析与调查

3.2.2.1 污染源分析与调查的目的

污染源分析与调查的目的是弄清污染源的类型和位置，以及污染物的种类、数量，污染的排放方式和途径，在此基础上可判断出主要的污染物和主要的污染源，为环境影响评价与环境治理提供依据。

对于新建项目，其污染源分析的主要依据是项目的设计文件，同时，根据项目的行业类别、建设规模、工艺流程等因素，参考现有类似工程的资料，找出可能的污染源，进行初步污染识别。

对改扩建项目，要开展现有污染源及新建污染源调查，并在调查时采用普查与详查相结合的方法。

3.2.2.2 污染源识别

污染源识别有以下几个要求：

（1）污染源识别时要选择建设项目等标排放量较大的污染因子、评价区已造成严重污染的污染因子及拟建项目的特殊污染因子作为主要污染因子。

（2）污染源的识别应结合行业特点，涵盖所有工艺和装备类型，明确所有可能产生废气、废水、噪声、振动、固体废物等污染物的场所、设备或装置，包括可能对水环境和土壤环境产生不利影响的"跑冒滴漏"等环节。

（3）应分别对废气、废水、噪声、振动、地下水等污染源进行分类。

废气污染源类型：按照污染源形式可划分为点源、面源、线源、体源；按照排放方式可划分为有组织排放源、无组织排放源；按照排放特性可划分为连续排放源、间歇排放源；按照排放状态可划分为正常排放源、非正常排放源。

废水污染源类型：按照排放形式可划分为点源、非点源；按照排放特性可划分为连续排放、间歇排放；按照排放状态可划分为正常排放源、非正常排放源；按水体性质可分为地表水污染源、地下水污染源与海洋污染源等。

噪声源类型：按照声源位置可划分为固定声源、流动声源；按照发声时间可划分为频发噪声源、偶发噪声源；按照发声形式可划分为点声源、线声源和面声源。

振动源类型：按照振动变化情况可划分为稳态振动源、冲击振动源、无规振动源、轨道振动源。

地下水排放类型：按照排放状态可划分为正常状况及非正常状况下的排放。

3.2.2.3 污染源调查内容

1. 工业污染源

① 企业概况：企业名称、位置、规模、产品种类、产量、产值、生产水平、环境保护设置等。

② 生产工艺：工艺原则、工艺流程、工艺水平和设备水平，生产中污染产生环节。

③ 原材料和能源消耗：原材料和能源的种类、产地、成分、消耗量、单耗、资源利用串、电耗、供水量、供水类型、水的循环和重复利用率等。

④ 生产布局：原料和燃料的堆放场、车间、办公室、厂区、居住区、堆渣区、排污口、绿化带等位置，并绘制总平面布置图。

⑤ 管理状况：管理体制、编制、管理制度、管理水平。

⑥ 污染物排放情况：排放污染物的种类、数量、浓度、性质、排放情况。

⑦ 污染防治调查：废水、废气和固体废物的来源及处理、处置方法，投资、运行费用及效果。

⑧ 污染危害调查：污染对人体、生物和生态系统的工程影响。

2. 生活污染源

① 项目区内城市、农村居住人口调查：总人口、总户数、流动人口、年龄结构、人口密度。

② 居民用水排水状况：居民用水类型（集中供水或分散自备水源），居民生活人均用水量，办公、餐饮、医院、学校等用水量，排水量，排水方式及污水出路。

③ 生活垃圾：数量、种类、收集和清运方式。

④ 民用燃料：燃料构成（煤、煤气、液化气等）、消耗量、使用方式、分布情况。

⑤ 城市、农村污水和垃圾的处理和处置：城市及农村污水总量，污水处理率，污水处理厂的个数、分布、处理方法、投资、运行和维护费，处理后的水质；城市垃圾总量、处置方式、处置点分布、处置场位置、采用的技术、投资和运行费。

3. 农业污染源

① 农药使用：施用的农药品种、数量，农药的使用方法、有效成分含量，施用时间，农作物品种，使用农药的年限。

② 化肥施用：施用化肥的品种、数量、方式、时间。

③ 农业废弃物：作物茎、秆，牲畜粪便的产量及其处理和处置方式及综合利用情况。

④ 水土流失情况。

3.2.2.4 调查方法

污染源调查采用普查与详查相结合的方法。对于排放量大、影响范围广、危害严重的重点污染源，应进行详查。详查时污染源调查人员要深入现场，核实被调查对象填报的数据是否准确，同时进行必要的监测。

非重点污染源调查一般采用普查的方法。进行污染源普查时，对调查时间、项目、方法、标准都要做出设计规定并采取统一表格交由被调查对象填写。

3.2.3 污染源源强核算

污染物源强核算是指选用可行的方法确定建设项目在核算时段内污染物的产生量或排放量。通常根据污染物产生环节（包括生产、装卸、储存、运输）、产生方式和治理措施，核算建设项目有组织与无组织、正常工况与非正常工况下的污染物产生和排放强度，给出污染因子及其产生和排放的方式、浓度、数量等。

3.2.3.1 核算时段

核算时段是指相关管理规定确定核算污染物排放量的时间范围，一般以年、小时等为核算时段。

污染物排放量的核算应包括正常排放和非正常排放两种情况，并分别明确正常排放量和非正常排放量。

废水污染源源强核算应考虑生产装置运行时间与污染治理措施运行时间的差异，分别确定废水污染物的产生量核算时段和排放量核算时段。

3.2.3.2 核算方法

污染源源强核算方法由污染源源强核算技术指南具体规定，可采用物料衡算法、类比法、实测法、排污系数法、实验法等方法。

1. 物料衡算法

物料衡算的种类很多，有以全厂物料的总进出为基准的物料衡算，也可针对具体的装置或工艺，选择若干有代表性的物料进行物料衡算。

物料衡算法是指根据质量守恒定律，利用物料数量或元素数量在输入端与输出端之间的平衡关系，计算确定污染物单位时间产生量或排放量的方法。计算通式如下式所示：

$$\sum G_{投入} = \sum G_{产品} + \sum G_{回收} + \sum G_{流失}$$

其中　$\sum G_{投入}$——投入系统的物料总量；

$\sum G_{产品}$——系统产出的产品和副产品总量；

$\sum G_{回收}$——系统中回收的物料总量；

$\sum G_{流失}$——系统中流失的物料总量。

在通式中，产品总量包括产品和副产品，流失量包括除产品、副产品及回收量以外的各种形式的损失量，污染物排放量即包括在其中。

例如，以 SO_2 排放量估算为例。

煤中的硫有三种存在状态：有机硫、硫铁矿和硫酸盐。煤燃烧时只有有机硫和硫铁矿中的硫可以转化为 SO_2，硫酸盐则以灰分的形式进入灰渣中。一般情况下，可燃硫占全硫量的 80% 左右。石油中的硫可全部燃烧并转化为 SO_2。

① 燃煤。

从硫燃烧的化学反应方程式：$S + O_2 \rightarrow SO_2$ 可知，32 g 硫经氧化可生成 64 g SO_2，即 1 g 硫可以生成 2 g SO_2。因此燃煤产生的 SO_2 排放量的计算公式如下：

$$G = B \times S \times 80\% \times 2 \times (1 - \eta) = 1.6BS(1 - \eta)$$

式中　G——SO_2 的排放量，kg/h；

B——燃煤量，kg/h；

S——煤的含硫量，%；

η——脱硫设施的 SO_2 的去除率。

② 燃油。

对燃油，其产生的 SO_2 排放量为：$G = 2 \times B \times S(1 - \eta)$

式中　B——耗油量，kg/h；

S——油的含硫量，%。

物料衡算法以理论计算为基础，比较简单。但采用物料平衡法计算污染物排放量时，必须对生产工艺、化学反应、副反应和管理等情况进行全面了解，掌握原料、辅助材料、燃料的成分和消耗定额。

物料衡算法计算中设备运行均按理想状态考虑,所以计算结果有时偏低。此方法不是所有的建设项目均能采用,具有一定局限性。

2. 类比法

类比法是指对比分析在原辅料及燃料成分、产品、工艺、规模、污染控制措施、管理水平等方面具有相同或类似特征的污染源,利用其设计资料或实测数据,确定污染物浓度、废气量、废水量等相关参数,进而核算污染物单位时间产生量或排放量,或者直接确定污染物单位时间产生量或排放量的方法。

例如,天然气燃烧产生的污染物统计数据见表 3-2-1。

表 3-2-1 天然气燃烧时产生的污染物

污染物名称	设备类型		
	电厂	工业锅炉	民用采暖设备
颗粒物	80~240	80~240	80~240
硫氧化物[①]	9.6	9.6	9.6
一氧化碳	272	272	320
碳氢化合物(以 CH_4 计)	16	48	128
氮氧化物(以 NO_2 计)	11 200	1 920~3 680	1 280~1 290[②]

注:① 天然气平均含硫量以 $4.6\ kg/10^6\ m^3$ 计。
② 家用取暖设备取 1 280,民用取暖设备取 1 290。

采用类比分析法通常要求时间长、工作量大,但所得结果准确。当评价时间允许,评价工作等级较高,又有可参考的相同或相似的现有工程时,应采用此法。但使用中应充分分析对象与类比对象之间工程特征、污染物排放、环境特征的相似性。

① 工程一般特征的相似性:建设项目的性质、建设规模、车间组成、产品结构、工艺路线、生产方法、原料、燃料成分与消耗量,用水量和设备类型等有相似性。

② 污染物排放特征的相似性:污染物排放类型、浓度、强度与数量,排放方式与去向,以及污染方式与途径等有相似性。

③ 环境特征的相似性:气象条件、地貌状况、生态特点、环境功能及区域污染情况等方面有相似性。

3. 实测法

实测法是指通过现场测定得到的污染物产生或排放相关数据,进而核算出污染物单位时间产生量或排放量的方法,包括自动监测实测法和手工监测实测法。

采用实测法进行源强核算时,应同步记录监测期间生产装置的运行工况参数,如物料投加量、产品产量、燃料消耗量、副产物产生量等;进行废水污染源源强核算时,还应分别详细记录调质前废水的来源、水量、污染物浓度等情况。

实测法计算公式为：

$$Q = kCL$$

式中　Q——废气或废水中某污染物的单位时间排放量，t/h；
　　　C——实测的污染物算术平均浓度，废气的单位为 mg/m³，或废水的单位为 mg/L；
　　　L——烟气或废水的流量，m³/h；
　　　k——单位换算系数，废气取 10^{-9}，废水取 10^{-6}。

这种方法只适用于已投产的污染源，并且容易受到来样频次的限制。如果实测的数据没有代表性，也不易得到真实的排放量。

由于实测法是从实地测定中得到的数据，因而比其他方法更为准确，这是实测法的最主要的优点。但是实测法必须解决好测定参数的代表性问题。为此，常常不只测定一个浓度值而是测定多个浓度值。此时，对于污染物的实测浓度 C 的取值有以下两种情况：

如果废水或废气流量 Q 只有一个测定值，而污染物的浓度 C 反复测定多次，污染物的浓度 C 取算术平均值，即

$$C = (C_1 + C_2 + \cdots + C_n) / n$$

如果废水或废气流量 Q 与污染物浓度 C 同时反复多次测定，此时废水或废气流量 Q 取算术平均值 Q_Z，而污染物的浓度 C 则取加权算术平均值 C_Z，即

$$Q_Z = (Q_1 + Q_2 + \cdots + Q)_n / n$$

$$C_Z = (Q_1 C_1 + Q_2 C_2 + \cdots + Q_n C_n) / (Q_1 + Q_2 + \cdots + Q_n)$$

4. 排污系数法

排污系数法是指根据不同的原辅料及燃料、产品、工艺、规模和治理措施，选取相关行业污染源源强核算技术指南给定的排污系数，结合单位时间产品产量直接计算确定污染物单位时间排放量的方法。

污染物的排放量可根据生产过程中单位产品的经验排污系数进行计算。计算公式为：

$$Q = KW$$

式中　Q——废气或废水中某污染物的单位时间排放量，kg/h；
　　　K——单位产品的经验排污系数，kg/t；
　　　W——某种产品的单位时间产量，t/h。

经验排污系数是在特定条件下产生的，随地区、生产技术条件的不同而有所变化，经验排污系数和实际排污系数可能有很大差别。因此，在选择时，应根据生产规模等工程特征和生产管理等实际情况进行必要的修正。

不同行业的经验排污系数可参考表 3-2-2。实际应用中，随着科技和环保的发展，各行业的排污系数可能会有所增减。

表 3-2-2　不同行业的经验排污系数

行业名称	污染物	计量单位	经验排污系数 平均值	经验排污系数 变化幅度	备注
餐饮业	动植物油	mg/L	100	70~200	废水量按用水量 80%折算
	COD	mg/L	650	400~1 000	
	BOD$_5$	mg/L	300	200~400	
	悬浮物	mg/L	100	80~200	
旅游业（附设餐厅）	动植物油	mg/L	80	30~110	废水量按用水量 85%折算
	COD	mg/L	360	250~580	
	BOD$_5$	mg/L	195	120~300	
	悬浮物	mg/L	80	60~120	
旅游业	COD	mg/L	100	70~150	
	悬浮物	mg/L	60	30~95	
理发业	废水量	每月每座位吨	20	10~30	
	COD	mg/L	700	250~1 100	
	BOD$_5$	mg/L	300	250~650	
	悬浮物	mg/L	120	80~250	
洗衣业	COD	mg/L	~1 200		废水量按用水量 80%折算
	悬浮物	mg/L	~550		
冲晒、扩印	COD	mg/L	~135		废水量按用水量 90%折算
	BOD$_5$	mg/L	~44		
	悬浮物	mg/L	~35		
医院	COD	mg/L	220	100~350	废水量按用水量 85%折算
	BOD$_5$	mg/L	60	20~100	
	悬浮物	mg/L	35	16~60	

5. 实验法

实验法是指采用模拟实验确定相关参数，核算污染物单位时间产生量或排放量的方法。污染物核算方法所需参数的测定应满足国家或地方相关技术标准、规范的要求。通过资料收集方式获取参数时，选用的参数依据（如可研报告、设计文本、台账记录等）应规范有效。位于环境质量不达标区域的新（改、扩）建工程污染源，应采用具备最优排放水平的污染防治可行技术，并选取对应的参数进行源强核算；位于环境质量达标区域的新（改、扩）建工程污染源，应采用污染防治可行技术，并选取对应的参数进行源强核算。

3.3 工程分析

工程分析是开展环境影响预测评价和科学制定环境保护措施的基础，贯穿于整个评价工作的全过程，是环评报告编制的重点内容之一，其主要任务是通过对建设项目的一般工程特征、污染特征以及可能导致生态破坏的因素作全面的剖析，从宏观上阐明开发建设活动与环境保护之间的关系，从微观上为环境影响评价工作提供基础数据。由于建设项目环境影响的表现不同，工程分析分为污染型建设项目工程分析和生态影响型建设项目工程分析。

3.3.1 工程分析的作用

（1）工程分析是项目决策的重要依据之一。

从环境保护的角度出发对建设项目的性质、产品结构、生产规模、原料路线、工艺方法、设备选型、能源结构、技术经济指标、总图布置、土地利用等所做出的工程分析结果可以作为环境管理和项目筛选的重要依据，有时甚至根据工程分析的结果立即作出判断。例如：

① 对不符合相关法律法规要求的，在特定的环境敏感区内布置有污染影响并且能构成危害的建设项目时，可以直接给出否定结论。如对于不符合相关要求，在长江干支流岸线 1 km 范围内，或者在黄河干支流岸线管控范围内新建、扩建化工园区和化工项目，或者设置在自然保护区核心区的建设项目，可以直接给出否定的结论。

根据《中华人民共和国长江保护法》第二十六条："禁止在长江干支流岸线一公里范围内新建、扩建化工园区和化工项目；禁止在长江干流岸线三公里范围内和重要支流岸线一公里范围内新建、改建、扩建尾矿库；但是以提升安全、生态环境保护水平为目的的改建除外"。

根据《中华人民共和国黄河保护法》第二十六条："禁止在黄河干支流岸线管控范围内新建、扩建化工园区和化工项目，禁止在黄河干流岸线和重要支流岸线的管控范围内新建、改建、扩建尾矿库；但是以提升安全水平、生态环境保护水平为目的的改建除外"。

② 在水资源紧缺的地区布置耗水大型建设项目时，若无妥善解决供水措施，可以做出要求改变产品结构和限制生产规模或否定建设的结论。对自净能力差、环境容量已接近饱和的地区建设污染物排放量大的项目，从而增加现有的污染负荷，并无法在区域内进行调控的，原则上可以做出否定的结论。

③ 通过工程分析发现改建、扩建项目与技术改造项目实施后，污染状况比现状有明显改善时，则可做出肯定的结论。

（2）为各专题预测评价提供基础数据。

工程分析需要对各个生产工艺的产污环节进行详细分析，阐明污染物的排放点、数量、种类、浓度、强度排放口的布局、排放的方式等；仔细核算各个产污环节的排污源强，从而为水、气、固体废物和噪声的环境影响预测、污染防治对策及污染物排放总量控制提供可靠的基础数据，在这些基础数据之上方能确定工作等级、设置评价专题与内容等。

对于生态影响型项目，工程分析应重点关注项目与敏感目标的位置关系，分析施工期工程占地情况，包括永久性占地和临时性占地的类型、面积、位置等，核算土石方量，初步判断取弃土场设置的合理性，分析运行期的调度方式、运行方式等。

（3）为环境保护设计提供优化建议。

建设项目的环境保护设计需要以环境影响评价为指导，尤其是改、扩建项目，工艺设备一般都比较落后，污染水平较高，要想使项目在改、扩建中通过"以新带老"的方式把历史上积累下来的环境保护"欠账"加以解决，实现"增产不增污"或"增产减污"的目标，需要通过工程分析对项目生产工艺、产品规模、污染处理等进行优化论证，判断其方案的可靠性、先进性、实用性等，所以开展工程分析是优化环保设计不可缺少的内容之一。

（4）为项目的环境管理提供建议指标和科学数据。

工程分析要从可持续发展的角度，依据有关能源和资源利用政策、环保政策等相关要求，指出项目存在的问题和提出合理化建议。

另外，环境管理的直接对象是各污染因子的产生与排放，而拟建项目对环境影响的因子很多，如果所选因子过多，势必造成评价内容繁多，难以突出重点；如果所选因子过少，可能会漏失对某些重大影响因子的分析和评价。所以，通过工程分析，可以从众多因素中筛选出主要因子作为项目日常管理的对象。

同时，在工程分析的基础上进行充分论证后所提出的环境保护措施、污染物排放总量是工程验收的重要依据，也是对开发建设活动实施污染控制的参考内容。因此，工程分析必须十分慎重、仔细，所提出的定性资料、定量数据应准确、可靠。

3.3.2　工程分析的重点与阶段划分

一般来讲，工程分析针对的主要阶段是运行期，但对建设周期长、影响因素复杂且影响区域广的建设项目，应该对该类项目施工期占地、植被破坏、土石方作业、施工临时场地设置、污染物排放等开展详细分析。如果建设项目在前期准备期、服务期满（或退役期）阶段产生的环境影响不容忽视时，也应开展准备期和服务期满（或退役期）的工程分析。

污染型项目工程分析应以工艺过程为重点，核算、确定污染源强，查清建设项目的生产工艺过程，污染物的种类、数量、处理或处置方法、排放方式和排放种类，定量地给出污染物的排放量，初步分析其环境影响及环保措施。对资源、能源的储运、交通运输及土地开发利用是否进行工程分析及分析的深度，应根据工程、环境的特点及评价工作等级决定。

生态影响型项目的工程分析是确定项目施工期的施工布置和运行期的运行方式，

分析项目占地、施工规划、施工方式、运行方式、工程调度调节等工程行为产生的生态环境影响，确定工程主要的生态影响因素。

3.3.3 污染型建设项目工程分析内容

污染型建设项目工程分析的主要工作内容为：工程概况、工艺流程及产污环节分析、污染源强分析与核算、环境保护措施方案分析、总图布置方案分析，以及其他分析，比如对于土地利用、交通运输、资源能源储运等环节带来的生态影响等环境影响因素的，要专门列出。

环保措施技术经济分析是工程分析的重要内容，小型、简单项目可在工程分析中列一小节，但对于大型项目的环保措施分析一般独立于项目工程分析的内容，并设置单独的章节进行论述。同时，对于大型复杂项目，总图布置方案分析也可单独成章。

工程分析中辅以表格和图进行详细阐述是非常必要的。其中表格包括敏感目标分布表、项目组成表、原辅材料消耗表、污染源强表、新（改、扩）建项目污染物排放量统计表、环境保护投资表等；并且辅以地理位置图、工艺流程图、总平面布置图、外环境关系图和监测布点图、物料平衡图等图件进行详细说明。

工程分析中的原始数据、全部计算过程不必在报告中列出，必要时可以编入附录，以使报告书文字简洁、便于审阅。污染物排放统计应该是采取规定的环境保护措施、总图布置和清洁生产水平改进措施后的最终结果。

对于改扩建项目，应该首先介绍现有工程的基本情况（大型项目可单列一节），重点说明现有工程组成和工艺技术，主要环保措施、现状主要污染物排放及现存主要环境问题，工程拟采取的"以新带老"措施，同时还要在污染物排放统计中给出改扩建前后主要污染物排放量变化的"三本账"。

1. 工程概况

在工程概况中要介绍项目的基本情况，包括主体工程、辅助工程、公用工程、环保工程、储运工程以及依托工程等。详细介绍工程名称、建设性质、建设地点、项目组成、建设规模、车间组成、产品方案、辅助设施、配套工程、储运方式、占地面积、工程投资及发展规划等；根据工程组成和工艺，给出主要原（辅）材料的名称及其物料消耗、水资源利用量（总用水量、新鲜用水量、重复用水量、排水量等）。对于含有毒、有害物质的原（辅）材料还应给出组分。

这部分内容需要明确以下几点：

① 工程名称：注意项目名称必须与批复文件名称一致。
② 建设性质：新建、改建、扩建。
③ 建设地点：特别说明同敏感点的位置关系，明确敏感点是处于项目的上风向还是下风向、地表水与地下水的上游或下游。
④ 建设规模：明确是否属于"十五小"或其他对建设规模有限制的项目。

⑤ 产品方案。
⑥ 占地面积。
⑦ 职工人数。
⑧ 总投资及发展规划。
⑨ 总平面布置情况。
⑩ 建设周期。

改扩建及易地搬迁建设项目还应包括现有工程的污染物排放及达标情况、存在的环境保护问题及拟采取的整改方案等内容。

一般来说，还需要列出项目组成表和原（辅）材料消耗表等，并附项目地理位置图和工程总平面布置图。

2. 工艺流程及产污环节分析

工艺流程及产污环节分析的核心要求是从工艺的环境友好性、工艺过程的主要产污节点以及末端治理措施的协同性等方面，选择可能对环境产生较大影响的主要因素进行深入分析，为后续的环境影响预测提供基础资料。

进行工艺流程和产污环节分析时，要了解主要原辅材料及其他物料的理化性质、毒理特征，产品及中间体的性质、数量等。特别指出的是，如果原料或产品中存在具有有毒有害等危险化学品，及致癌、致畸、致突变物质、持久性有机污染物或重金属的建设项目，除详细分析生产过程外，还必须增加原料和产品的装卸、储存、运输等环节分析。

在绘制工艺流程图时，需要标明污染物的产生位置和污染物类型，必要时列出主要化学反应的副反应式，不产生污染物的过程和装置可以简化，如图3-3-1所示。

施工期和运行期可能发生突发性事件或事故，从而引起有毒有害、易燃易爆等物质泄漏，对环境及人身造成影响和损害的建设项目，应开展施工期和运行期的风险因素识别。有较大潜在人群健康风险的建设项目，应开展影响人群健康的潜在环境风险因素识别。

3. 污染源强分析与核算

污染源和污染物分析是各专题评价的基础资料，必须根据项目各阶段，如施工期、运行期等进行详细核算和统计，垃圾填埋场、矿山开采、核设施等项目要做服务期满或退役期的污染分析。

① 正常排放污染物分析。

开展污染物的源强核算需要借助工艺流程图。对工艺污染流程图中的排放点分类编号，标明污染物排放部位，然后列表统计各种污染因子的排放强度、浓度及数量。对于最终排入环境的污染物，确定其是否为达标排放。

在进行污染物排放量统计时，对于新建项目要求清算两本账：一本是工程工艺过程中污染物产生量，另一本则是按治理规划和评价规定措施实施后能够实现的污染物削减量。两本账之差才是评价需要的污染物最终排放量。新建项目污染物排放量统计如表3-3-1所示。改扩建项目污染物排放量统计如表3-3-2所示。

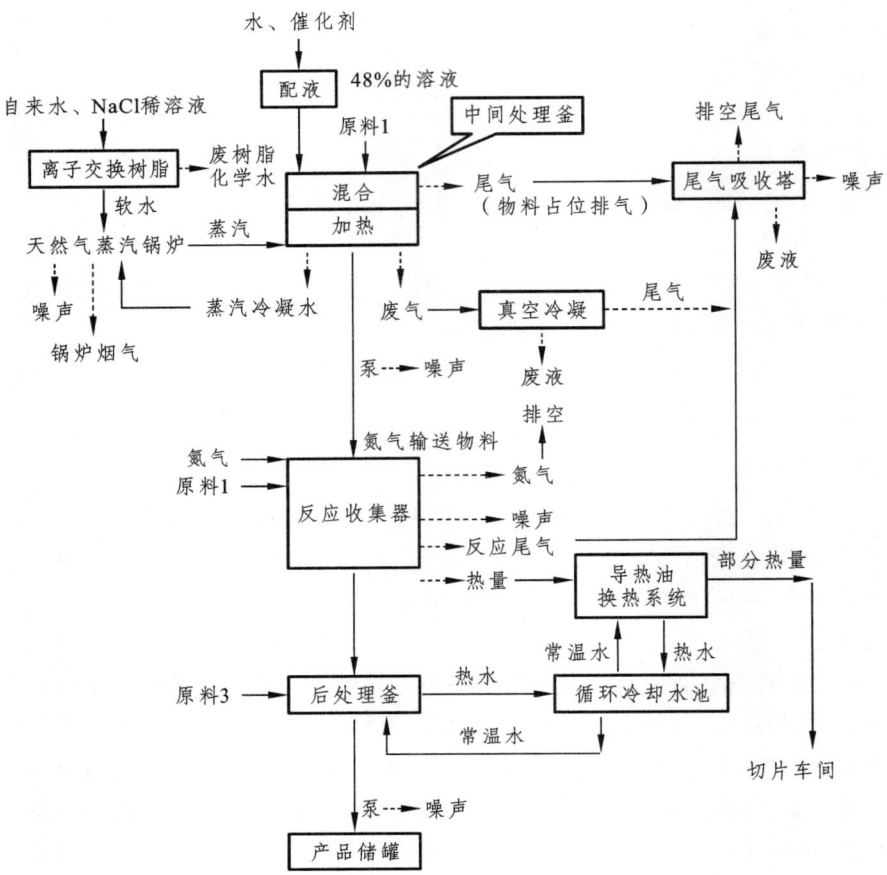

图 3-3-1 液态产品工艺流程及产污位置图（选自《某项目环境影响报告书》公示本）

表 3-3-1 新建项目污染物排放量统计

类别	污染物名称	产生量	治理削减量	排放量
废气				
废水				
固废				
……	……	……	……	……

表 3-3-2　改扩建项目污染物排放量统计

类别	污染物名称	改扩建前排放量	改扩建排放量	"以新带老"削减量	改扩建完成后总排放量	增减量变化
废气						
废水						
固废						
……	……	……	……	……	……	……

对于改、扩建项目和技术改造项目的污染物排放量统计则要求清算三本账：技改前污染物排放量、技改项目污染物排放量、技改完成后污染物排放量（包括"以新带老"污染物削减量），其相互关系为：

（技改前污染物排放量）－（"以新带老"污染物削减量）＋（技改项目污染物排放量）＝（技改项目完成后污染物排放量）。

对于废气可按点源、面源、线源进行分析，分别说明源强、排放方式和排放高度及存在的有关问题。对废液和废水应说明种类、成分、浓度、排放方式、排放去向、是否属于危险废物、处置方式等有关问题。对废渣应说明有害成分、溶出物浓度、数量、转运方式、是否属于危险废物、处理和处置方式及储存方法。对噪声和放射性应列表说明源强、剂量及分布。

利用物料平衡法计算时，需要依据工艺流程，附上物料平衡图。

在污染源强分析中，一般要进行水平衡分析，并完成水平衡图。水平衡分析是根据"清污分流、一水多用、节约用水"的原则，分析项目总用水量、新鲜用水量、废水产生量、循环使用量、处理量、回用量和最终外排量等。同时，根据回用部位的水质、温度等工艺要求，分析废水回用的可行性，按照国家节约用水的要求，提出进一步节水的有效措施。

② 非正常排放污染物分析。

非正常工况是指生产运行阶段的开车、停车、检修等，不包括事故工况。非正常工况的污染分析，需要判断非正常工况发生的可能性及频率，确定非正常排放污染物的来源、种类及排放量。对随着时间的推移，环境影响有可能增加较大的建设项目，其评价工作等级、环境保护要求均较高，此时可将生产运行阶段分为运行初期和运行中后期，并分别按正常排放和不正常排放进行分析，具体划分应视工程特性而定。

③ 风险排污的源强统计。

风险排污包括事故排污、非正常工况排污（异常排污）。事故排污和异常排污的发生是不确定的。因此在源强分析中，要同时确定污染物排放量以及与其对应事故的发生概率。异常排污分析应重点说明异常情况的原因和处置方法；事故排污分析应把发生事故时污染物的最大排放量作为下步风险预测评价的源强，同时应调查可能发生的事故种类、频率和对人群的危害，并提出有效的防范措施。

4. 环境保护措施方案分析

环境保护措施方案分析包括两个方面：首先对项目设计阶段提出的污染防治措施进行技术先进性、经济合理性及运行可靠性评价；其次，若设计报告中提出的环保措施不能完全满足环境保护要求，则须提出改进完善的建议，甚至替代方案。分析要点如下：

① 分析建设项目设计阶段提出的环境保护措施方案并提出改进意见。根据建设项目产生的污染物特点，分析建设项目拟采用的环保设备、污染物处理工艺的先进水平和污染物达标排放的可靠性，并提出进一步改进的意见。根据现有同类环境保护设施运行的技术经济指标，结合建设项目环境保护设施的基本特点，分析论证建设项目环境保护设施的技术经济参数的合理性，并提出进一步改进的意见。

② 分析环境保护投资构成及其在项目总投资中所占的比例。汇总建设项目环境保护设施的各项投资，分析其投资结构，并计算环境保护投资在总投资中所占的比例。对于技改扩建项目，其中还应包括"以新带老"的环境保护投资内容。

③ 依托设施的可行性分析。对于改、扩建项目，原有工程的环境保护设施有相当一部分是可以利用的，因此，要分析原有环境保护设施与改、扩建项目的符合性。建设于工业园区的项目，其污水、废气等排入园区处置的，还需要分析园区处置该项目排放污水、废气的可行性。

5. 总图布置方案分析

① 分析卫生防护距离和安全防护距离的保证性。参考国家有关卫生和安全防护距离规范，调查、分析厂区与周围的保护目标之间所定防护距离的可靠性，合理布置建设项目的各构筑物及生产设施，给出总图布置方案与外环境关系图。图中应标明环境敏感点与建设项目的方位、距离和环境敏感的程度。

② 分析工厂和车间布置的合理性。在充分掌握项目建设地点的气象、水文和地

质资料的条件下，认真考虑自然因素对污染物的污染特性的影响，减少不利影响，合理布置生产装置和车间。

③ 分析村镇居民拆迁及防护的必要性。分析项目所产生的污染物的特点及其污染特征，结合现有的相关资料，确定建设项目对附近村镇的影响，分析村镇居民拆迁及防护的必要性。

6. 其他分析

除产生环境污染外，新建污染型建设项目一般涉及到新增占地、土石方作业、植被覆盖率下降，以及由于交通运输、资源能源储运等环节带来的生态影响等。

另外，污染源的控制要求与纳污环境的环境功能密切相关，因此工程分析也必须同纳污环境联系起来综合分析。

3.3.4 生态影响型建设项目工程分析内容

生态影响型项目工程分析的主要内容有工程概况、施工规划和运行方式、生态影响源强分析、主要污染物排放量及源强分析、替代方案分析等。

对于生态影响型项目，应该结合建设项目特点和区域环境特征，分析建设项目施工和运行过程（包括施工方式、施工时序、运行方式、调度调节方式等）对生态环境的作用因素与影响源、影响方式、影响范围和影响程度，重点集中在影响程度大、范围广、历时长或涉及环境敏感区的作用因素和影响源，关注间接性影响、区域性影响、长期性影响以及累积性影响等特有生态影响因素的分析。服务期满（或退役期）仍可能产生生态环境影响的项目，如露天采矿等，需要进一步分析项目运行结束后的环境影响。

应特别关注特殊工程点段分析，如环境敏感区、长大隧道与桥梁、淹没区等，并关注其可能产生的间接性影响、区域性影响、累积性影响以及长期影响等特有影响因素的分析。

3.3.4.1 生态影响型建设项目工程分析的基本内容

1. 工程概况

工程概况内容应该包括工程的名称、建设地点、性质、规模和工程特性，并给出工程特性表，以及工程的项目组成及施工布置情况，按工程特点给出项目组成表，并说明施工期、运行期等不同时期存在的主要环境问题。结合工程设计，介绍工程的施工和布置，并给出施工布置图。

生态影响型项目工程概况介绍中，通常要给出项目工程特性表、项目组成表和工程施工布置图等。表 3-3-3 所示的项目组成表摘自《甘孜云南通道项目环境影响报告书》。

表 3-3-3　甘孜云南通道项目组成及主要环境问题

项目组成		建设内容及规模	可能产生的主要环境问题
主体工程	路基、路面工程	总挖方 76.86 万 m³（路基挖方 68.54 万 m³，隧道出渣 8.32 万 m³），填方 15.96 万 m³，弃方 60.90 万 m³（自然方，换算为压实方为 79.04 万 m³，换算成松方为 92.99 万 m³） 路面性质：沥青混凝土	施工期主要是土石方工程造成的占地、水土流失、植被破坏、沥青烟、扬尘、废气、交通与机械噪声，以及隧道工程对地表水、地下水的影响； 营运初期水土流失有轻度影响； 营运期降雨时的桥面径流、事故时污染物通过桥面影响水质，交通噪声和汽车尾气对居民的影响
	桥涵工程	新建中、小桥 5 座，改建 1 座，主要是简支板桥、箱形拱桥、简支 T 梁桥，新建涵洞 33 道，盖板涵	
	隧道工程	1#隧道 K76+080～K76+480 2#隧道 K78+720～K79+180 3#隧道 K79+350～K80+130 均分布在得荣境内	
辅助工程	取土场	本工程取土来源主要是项目本身的挖方利用，未设专门取土场	—
	弃渣场	新设置 5 处渣场，渣场容量 98.01 万 m³（松方），能容纳全部弃渣	占地、植被破坏、水土流失、不良景观影响
	施工人员生活营地	新建施工营地 4 处，其余尽量利用当地民居	植被破坏，水土流失、施工人员生活"三废"
	施工便道	新设施工便道约 3.05 km	占地、植被破坏、景观影响
附属工程	工程拆迁	项目评价区域内涉及村镇极少，房屋稀少，基本不涉及房屋拆迁问题	—
	环境保护工程	有条件的路段进行带状区域性绿化；设置排水沟、沉淀池收集处理路面径流，加强环保交通管理	对水环境实施保护，对破坏的植被予以补偿，改善环境
公用工程	交通工程	交通标志	—
贮运工程	材料运输	利用车辆运输建筑材料	扬尘、交通噪声，主要集中在施工期

2. 施工规划及运行方式

大多数生态影响型项目，如矿山开采、水利水电、铁路、公路项目等，通常施工周期长、占地面积大、影响范围广，生态破坏相对较大。因此开展该类项目的生态环境影响评价时，要结合工程的建设进度，分析工程施工规划，并对与生态环境保护有重要关系的施工建设内容及其施工进度做详细分析。

生态影响与施工规划息息相关。不同时期的施工可能对某一要素的生态影响存在非常大的区别。如陆生动物繁殖期的开挖、爆破，鱼类繁殖季节的桥梁施工等等产生的生态环境影响相对更大。

对于运行期生态影响大的项目，如水库工程或水电站，要结合项目设计文件，分析运行方式，如水库大坝调蓄方案，充分论证水文情势变化对水生生物的影响等。

3. 生态环境影响源强分析

生态环境影响源强分析是从生态完整性和资源分配的合理性的角度，对项目建设可能造成的影响源强进行分析，可以定量的，如占地类型（湿地、滩涂、耕地、林地等）与面积、植被破坏量（特别是珍稀植物的破坏量）、淹没面积、移民数量、水土流失量等，均应给出量化数据。不能定量的，应该进行定性分析。

4. 主要污染物排放量及源强分析

生态影响型项目在施工和运行过程中同样会产生一定的环境污染。污染可能发生于施工建设阶段，也可能发生于运行期。在工程分析中，需要明确项目从施工到运行期间大气、水、噪声、固体废物等污染源（含事故状态下的源强）、污染物类型，核算主要污染物的排放量。如，废水给出生产废水和生活废水的排放量和主要污染物排放量；废气给出固定源、移动源、连续源、瞬时源的点位及主要污染物产生量；固体废物给出工程弃渣和生活垃圾的产生量；噪声则要给出主要噪声源的种类和声源强度。并且调查排放方式和纳污环境等基本情况，初步分析可能产生的环境影响。

5. 替代方案

一般而言，生态影响型项目应从选址、选线、施工运行方式等角度，给出多种比较方案。工程分析需要结合工程设计资料，就替代方案的生态环境影响程度，特别是量化指标与推荐方案做比较，在其他技术经济指标相当的条件下，从环境保护的角度分析推荐方案的合理性。

3.3.4.2 生态影响型建设项目工程分析技术要点

生态影响型项目工程分析的内容应结合工程特点，给出工程施工期和运行期的有利、不利、长期、短期等环境影响，尽量给出量化指标，并且要做到工程组成完全、重点工程明确、涵盖全过程分析等。

1. 工程组成完全

生态影响型项目的工程分析要考虑项目在施工期、运行期的所有的工程建设活动，分析建设项目的主体工程、辅助工程、配套工程、公用工程和环境保护工程等。另外还应给出项目组成表，明确占地、施工和技术标准等主要内容，以利于充分分析可能产生的直接、间接影响。

2. 重点工程明确

应将可能造成主要环境影响的临时性和永久性工程作为重点的工程分析对象,明确其名称、位置、规模、建设方案、施工方式、运行方式等。与污染型项目相比,生态影响型项目的工程分析的重点在于建设项目的施工方式和运行方式,因为即使对于同一项目,不同施工和运行方式的环境影响差别很大。

以公路、铁路等交通类项目的桥梁施工为例,传统的桥梁基础开挖为大开挖式,由于开挖面积及土石方量、回填量较大,产生的植被破坏、水土流失较严重。而先进的干式旋挖钻,由于钻头直径与柱基直径大体相当,其环境影响与传统的大开挖式相比要小很多。

水利水电项目而言,不同的运行方式造成的环境影响也不同。例如,日调节水电站的下泄过程中,在不同的下泄时间、下泄不同的流量,可能会极大地影响下游河道的水位和流速;而水位、流速频繁和剧烈的变化,可能会对河流中的鱼类生存和繁殖产生不利影响。

3. 全过程分析

建设项目在不同时期产生的生态影响差别较大,因此必须做项目全过程分析。除传统的施工期、运行期和服务期满或退役期(闭矿、垃圾填埋场封场和渔场封闭等)外,线路长、影响范围广的项目,如跨省、自治区的高速铁路建设、输油管线、水利水电项目等,还要考虑不同设计时期的环境影响分析,如选址选线期(工程预可行性研究期)、设计方案期(可行性研究方案期、初步设计、施工图设计等)。

4. 其他分析

其他分析包括环境风险等其他可能发生的环境影响分析。有些发生可能性不大,但是一旦发生将会产生重大影响者,应该作为风险问题考虑,必要时需要提出风险防范措施和应急预案。例如,公路运输农药时,要提出车辆在跨越水库或水源地时发生事故性泄漏等突发事件的概率、防范措施或应急预案。

思考题

1. 环境影响识别应该识别包括哪些阶段?重点是哪些内容?
2. 污染源源强核算的方法有哪些?
3. 污染型项目工程分析的主要内容是什么?
4. 生态影响型项目工程分析的主要内容是什么?

4　大气环境影响评价

开展大气环境影响评价的主要目的在于预测建设项目产生的大气污染对环境的影响,并分析、评价项目实施的大气环境保护措施合理性,最终达到如下要求:

(1)为项目选址提供指导意见。

(2)建设项目大气污染物实现达标排放。

(3)建设项目施工与运行满足受影响区域环境质量要求(区域环境质量达标或不恶化)。

4.1 概述

4.1.1 基本概念

1. 环境空气保护目标

环境空气保护目标是指评价范围内按照现行《环境空气质量标准》(GB 3095)划定为一类保护区的自然保护区、风景名胜区及其他需要特殊保护的区域,二类区中的居民区、文化区和农村地区中人群较为集中的区域。

考虑到自然保护区、风景名胜区和其他特殊保护地区也是水环境、生态环境等要素的敏感区,因此,在进行环境空气影响评价时,需要特别调查的环境空气环境保护目标主要是居民区、文化区等人群集中区。同时,如果评价区域内存在对项目排放大气污染物敏感的区域,也应该作为重要的环境空气调查目标。

开展大气环境影响评价时,要调查评价范围内所有环境空气敏感保护目标,在带有地理信息的底图中标注并列表给出环境空气敏感保护目标内主要保护对象的名称、保护内容、大气环境功能区划级别、与项目相对距离、方位以及受保护对象的范围和数量。环境空气主要保护目标如表 4-1-1 所示。

表 4-1-1 环境空气主要保护目标

名称	坐标/m		保护对象	保护内容	环境功能区	相对厂址方位	相对厂界距离/m
	X	Y					

2. 大气污染源

大气污染源从排放形式上可分为点源(含火炬源)、面源、线源、体源、网格源等;污染源从排放时间上可分为连续源、间断源、偶发源等;污染源从排放形式上可分为固定源和移动源,其中移动源包括道路移动源和非道路移动源。此外还有一些特殊排放形式,比如烟塔合一源和机场源。

大气环评导则中推荐的预测模型中,AERMOD、ADMS 及 CALPUFF 等模型可直接模拟点源、面源、线源、体源，AUSTAL2000 可模拟烟塔合一源，EDMS/AEDT 可模拟机场源，光化学网格模型需要使用网格化污染源清单。

3. 基本污染物

基本污染物指 GB3095 中所规定的二氧化硫（SO_2）、可吸入颗粒物（PM_{10}）、细颗粒物（$PM_{2.5}$）、二氧化氮（NO_2）、一氧化碳（CO）、臭氧（O_3）等基本项目污染物。

当建设项目排放的 SO_2 和 NO_x 年排放量大于或等于 500 t/a 时，评价因子应增加二次 $PM_{2.5}$。

当规划项目排放的 SO_2 和 NO_x 及 VOCs 年排放量大于或等于 500 t/a 时，评价因子应增加二次 $PM_{2.5}$，NO_x 及 VOCs 年排放量大于或等于 2 000 t/a 时，评价因子应相应增加 O_3。

4. 其他污染物

其他污染物指项目排放的污染物中除基本污染物以外的污染物。

其他污染物根据项目的特征确定，主要是项目施工、运行过程中产生的污染物，包括总悬浮颗粒物质（TSP）、氟气、苯并[a]芘（BaP）等项目排放的特有污染物。

5. 大气污染物分类

大气污染源排放的污染物按照存在形式分为颗粒态污染物和气态污染物，按生成机理分为一次污染物和二次污染物。

6. 简单地形

简单地形距污染源中心点 5 km 内的地形高度（不含建筑物）低于排气筒高度时，定义为简单地形。在此范围内地形高度不超过排气筒基底高度时，可认为地形高度为 0 m。

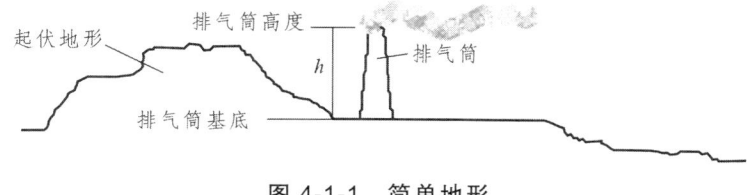

图 4-1-1　简单地形

7. 复杂地形

复杂地形是指距污染源中心点 5 km 内的地形高度（不含建筑物）等于或超过排气筒高度时，定义为复杂地形，如图 4-1-2 所示。

8. 非正常排放

非正常排放是指非正常工况下的污染物排放。如点火开炉、设备检修、污染物排放控制措施达不到应有效率、工艺设备运转异常等情况下的排放。

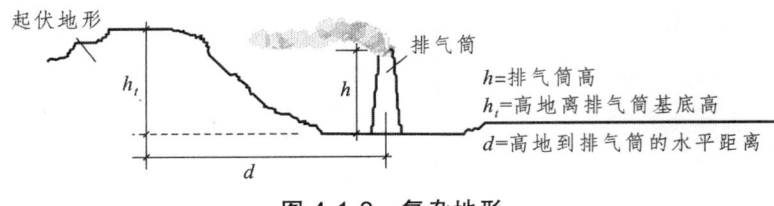

图 4-1-2　复杂地形

在开展项目污染源调查时，应该包括正常排放和非正常排放，其中非正常排放调查内容包括非正常工况、频次、持续时间和排放量。

9. 短期浓度

短期浓度是指某污染物的评价时段小于等于 24 h 的平均质量浓度，包括 1 h 平均质量浓度、8 h 平均质量浓度以及 24 h 平均质量浓度（也称为日平均质量浓度）。

10. 长期浓度

长期浓度是指某污染物的评价时段大于等于 1 个月的平均质量浓度，包括月平均质量浓度、季平均质量浓度和年平均质量浓度。

11. 大气环境防护距离

大气环境防护距离是为保护人群健康，减少正常排放条件下大气污染物对居住区的环境影响，在项目厂界以外设置的环境防护距离。

建设项目的大气环境防护距离是从厂界起至超标区域的最远垂直距离。

12. 评价基准年

依据评价所需环境空气质量现状、气象资料等数据的可获得性、数据质量、代表性等因素，可以选择近 3 年中数据相对完整的 1 个日历年（1~12 月）作为评价基准年。如在 2025 年编制环评报告时，可以选择 2024 年、2023 年、2022 年中的一年作为评价基准年。

4.1.2　主要气象要素

就整个大气成分来说，有着漫长的发生、发展的历史，目前大气成分仍然处于缓慢的变化过程中，大气成分的变化可导致大气污染，引起气候的变化。由于人为因素所产生的含有有害物质的废气进入大气中，使大气中出现了通常没有或极少的物质，其数量、浓度和在空气中的滞留时间，足以影响人体健康和动植物生存时，即为大气污染。

由于大气污染物的扩散过程受诸多气象因素的影响而表现出其特有的性质，因此了解大气扩散的一些基本概念对正确开展大气环境影响的预测评价是非常有利的。

1. 云量

由大气中水汽凝结或凝华而成的水滴、过冷水滴、冰晶或它们混合组成的可见悬浮体称为云。云在天空中是不断变化的，它的发展演变在一定程度上影响着近地面大气温度的变化。

云量是指云遮蔽天空的成数。将天空分为十份，这十份中被云所掩盖的成数称为云量。如云占天空的 1/10，云量记 1；如云布满全天空时，云量记 10，当天空无云或云量不到 1/20 时，云量为 0。

云量常以总云量与低云量两种形式记录，其中低云量是至关重要的，因此在观测云量的时候，除总云量外，还要单独估计低云量。记录的格式是：总云量/低云量。例如，当时总云量 8，低云量 4，记做 8/4。另外在出现雾等水汽凝结现象掩盖天空时，使云不能够被辨别，这时可把雾量作为云量来记录，记为 10/10。如果遮蔽天空的不是雾和云，而是一些浮尘（s）、沙暴（f）或浓霾（∞）等，云量按不明处理，记作一／一。

云量的资料一般空间变化不大，一个气象台的云量可以在约 20 km 范围内使用。

2. 风

空气的水平运动称为风。它是一个矢量，既有大小，又有方向。

单位时间内，空气质点在水平方向上移动的距离称为风速。其大小常以 m/s、km/h 来计量。风速有平均风速、最大风速、极大风速和瞬时风速等不同的记录方式（表 4-1-2）。

表 4-1-2　风力等级表

风力等级	名称	陆地地面物征表	风速/（m/s）
0	无风	静，烟直上	0.0～0.2
1	软风	烟能表示风向	0.3～1.5
2	轻风	人面感觉有风，树叶有微响	1.6～3.3
3	微风	树叶及微枝摇动不息，旌旗展开	3.4～5.4
4	和风	能吹起地面灰尘和纸张，树的小枝摇动	5.5～7.9
5	清风	有叶的小树摇摆，内陆的水面有小波	8.0～10.7
6	强风	大树枝铬动，电线呼呼有声，举伞困难	10.8～13.8
7	劲风	全树摇动，大树枝弯下来，迎风步行感觉不便	13.9～17.1
8	大风	可折断树枝，人向前行感觉阻力甚大	17.2～20.7
9	烈风	烟囱及平房屋顶受到损坏，小屋遭到破坏	20.8～24.4
10	狂风	陆上少见，见时可使树木拔起或将建筑物吹毁	24.5～28.4
11	暴风	陆上很少，有则必有量大损毁	28.5～32.6
12	台风	陆上绝少，其摧毁力极大	大于 32.6

根据风对地面（或海面）物体影响程度而定出的等级称为风级。风级一般从 0～12 级，风力越大，级数越高。

风向指风吹来的方向，一般由 16 个方位组成，如加上一个静风方位，共 17 个方位。另外，还有一种表示风向频率的图，叫风玫瑰图，如图 4-1-3 所示。它主要表示某时段内某风向出现的频率，即某时段内风向出现的次数除以该时段内各风向出现次数的总和，以百分比表示。风玫瑰图一般用 8 方位或 16 方位来表示，图中表示的频率越高，说明该风向出现的次数越多。

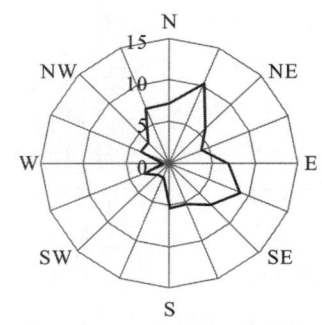

图 4-1-3　某区域风玫瑰图

由于地理条件影响而形成的具有地方特点的气流，一般以一天为周期随昼夜交替而发生变化。例如，在靠近大海的地区，白天风从海上吹向陆地，称为海风；晚上风从陆地吹向海面，成为陆风。还有山谷风、城市热岛环流等，都是由于地理环境不同而形成的。

3. 能见度

能见度就是在当时的气候条件下，正常人的眼睛所能够看到的最大距离。

4. 云底高度

云底高度是云层底部距离地面测站的垂直距离，以米为单位。

5. 特殊风场

特殊风场，包括长期静、小风，以及可能引起岸边熏烟的垂直环流风场等。

长期静、小风的气象条件是指静风和小风持续时间达几个小时到几天，在这种气象条件下，空气污染扩散（尤其是来自低矮排放源），可能会形成相对高的地面浓度。当模拟城市尺度以内的长期静、小风时的环境空气质量时，可选用大气导则推荐的 CALPUFF 模型。

当在近岸内陆上建设高烟囱时，需要考虑岸边熏烟问题。由于水陆地表的辐射差异，水陆交界地带的大气由地面不稳定层结过渡到稳定层结，当聚集在大气稳定层内污染物遇到不稳定层结时将发生熏烟现象，在某固定区域将形成地面的高浓度。进行岸边熏烟预测中，在缺少边界层气象数据或边界层气象数据的精确度和详细程度不能反映真实情况时，可选用大气导则推荐的估算模型获得近似的模拟浓度，或者选用 CALPUFF 模型。

6. 大气环评中需要调查的气象资料

在开展大气环评时，需要调查的气象资料主要是为现状评价和预测评价提供参考和基础数据，具体内容根据评价等级和项目区域特点确定。如现状监测时，需调查项目区域近 20 年统计的当地主导风向，以便在厂址及主导风向下风向 5 km 范围内设置

1~2个监测点；开展预测时，预测模型所需最高和最低环境温度，一般需选取评价区域近20年以上资料统计结果；选择模型预测时，当项目区域近20年的全年静风（风速≤0.2 m/s）频率超过35%时，应采用CALPUFF模型进行进一步模拟。

4.1.3 大气环境影响评价常用标准

4.1.3.1 《环境影响评价技术导则 大气环境》（HJ 2.2）

开展大气环评的主要依据是《环境影响评价技术导则 大气环境》，该标准在1993第一次以推荐标准的方式发布，之后相继于2008年、2018年进行了修订，并改为强制性标准。标准规定了大气环境影响评价的一般性原则、内容、工作程序、方法和要求，适用于建设项目的大气环境影响评价，同时也可以作为区域和规划大气环境影响评价的参考。

大气环境影响评价等级划分、评价范围确定，以及污染源调查与气象条件调查的相关要求，还有现状评价和预测评价内容等均依据该导则。

4.1.3.2 《环境空气质量标准》（GB 3095）

《环境空气质量标准》首次发布于1982年，先后于1996年、2000年、2012年进行了多次修订。该标准规定了环境空气功能区分类、标准分级、污染物项目、平均时间及浓度限值、监测方法、数据统计的有效性规定及实施与监督等内容。该标准中未作规定的污染物，各省、自治区、直辖市人民政府可以制定地方环境空气质量标准。

1. 环境空气质量功能区分类

环境空气功能区分为两类：
一类区为自然保护区、风景名胜区和其他需要特殊保护的区域；
二类区为居住区、商业交通居民混合区、文化区、工业区和农村地区。

2. 环境空气功能区质量要求

一类区适用一级浓度限值，二类区适用二级浓度限值。详细污染物浓度限值参阅生态环境部最新颁布的《环境空气质量标准》（GB 3095）。

4.1.3.3 《大气污染物综合排放标准》（GB 16297）

该标准于1997年1月1日起实施。标准规定了33种大气污染物的排放限值，其指标体系为最高允许排放浓度、最高允许排放速率和无组织排放监控浓度限值。

1. 最高允许排放浓度

指处理设施后排气筒中污染物任何1小时浓度平均值不得超过的限值；或指无处理设施排气筒中污染物任何1小时浓度平均值不得超过的限值。

2. 最高允许排放速率

指一定高度的排气筒任何 1 小时排放污染物的质量不得超过的限值。

3. 无组织排放

无组织排放是指大气污染物不经过排气筒的无规则排放。低矮排气筒的排放属有组织排放，但在一定条件下也可造成与无组织排放相同的后果，一般认为低于 15 m 的烟囱属于无组织排放。因此在执行"无组织排放监控浓度限值"指标时，由低矮排气筒造成的监控点污染物浓度增加不予扣除。

无组织排放源是指设置于露天环境中具有无组织排放的设施，或指具有无组织排放的建筑构造（如车间、工棚等）。

4. 排气筒

排气筒高度除须遵守标准限值外，还应高出周围 200 m 半径范围的建筑 5 m 以上，不能达到该要求的排气筒，应按其高度对应的表列排放速率标准值严格 50%执行。两个排放相同污染物（不论其是否由同一生产工艺过程产生）的排气筒，若其距离小于其几何高度之和，应合并视为一根等效排气筒。

新污染源的排气筒一般不应低于 15 m。若新污染源的排气筒必须低于 15 m 时，其排放速率标准值按对应标准限值外推计算结果再严格 50%执行。

4.1.3.4　其他大气污染物排放标准

由于环境影响评价工作涉及到不同的行业，每个行业污染物的排放情况各不相同。根据污染源分类、行业不同，国家先后制定或修订了各类大气固定源污染物、大气移动源污染物的排放标准，包括《石灰、电石工业大气污染物排放标准》（GB 41618）、《油品运输大气污染物排放标准》（GB 20951）等，规定了污染物的排放浓度、排放速率等限制。

例如，在现行《锅炉大气污染物排放标准》（GB 13271）中，规定了锅炉烟气中颗粒物、二氧化硫、氮氧化物、汞及其化合物的最高允许排放浓度限值和烟气黑度限值。并且要求每个新建燃煤锅炉房只能设一根烟囱，烟囱高度应根据锅炉房装机总容量，按规定执行，燃油、燃气锅炉烟囱不低于 8 m，锅炉烟囱的具体高度按批复的环境影响评价文件确定。新建锅炉房的烟囱周围半径 200 m 距离内有建筑物时，其烟囱应高出最高建筑物 3 m 以上，相较于《大气污染物综合排放标准》减少了 2 m。

在我国现有的国家大气污染物排放标准体系中，按照综合性排放标准与行业性排放标准不交叉执行的原则，即污染物有行业标准的执行各自的行业性国家大气污染物排放标准，其余的执行综合性排放标准。

4.1.4 大气环境影响评价的工作任务和程序

4.1.4.1 大气环境影响评价的工作任务

通过现场调查、工程分析、影响预测等手段，对项目在施工期、运行期和服务期满或退役期（可根据项目情况选择）所排放的大气污染物对环境空气质量影响的程度、范围和频率进行分析、预测和评估，为项目的选址选线、大气污染物排放方案及排放量核算、大气污染治理设施与预防措施制定，以及其他有关的工程设计、项目实施大气环境监测等提供科学依据或指导性意见。

4.1.4.2 大气环境影响评价的程序

大气环境影响评价分为三个阶段，其工作程序包括以下内容：

第一阶段，主要工作包括：
① 研究有关技术文件，初步分析项目污染源。
② 环境空气保护目标调查。
③ 评价因子筛选与评价标准确定。
④ 区域气象与地表特征调查。
⑤ 收集区域地形参数。
⑥ 确定评价等级和评价范围。

第二阶段，依据评价等级要求开展工作，包括：
① 调查与核实与项目评价相关污染源。
② 选择适合的预测模型。
③ 环境质量现状调查或补充监测。
④ 收集建立模型所需气象、地表参数等基础数据。
⑤ 确定预测内容与预测方案。
⑥ 开展大气环境影响预测与评价工作。

第三阶段，主要工作包括：
① 制定项目施工期、运行期环境管理制度，包括跟踪监测计划等。
② 明确大气环境影响评价结论与建议。
③ 完成环境影响评价文件的编写。

4.2 大气环境影响评价等级和评价范围

4.2.1 评价等级划分

按现行《环境影响评价技术导则 大气环境》（HJ 2.2）或《规划环境影响评价技

术导则 总纲》(HJ 130)的要求识别大气环境影响因素,并筛选出大气环境影响评价因子。大气环境影响评价因子主要为项目排放的基本污染物及其他污染物。

选择导则推荐模型中的估算模式对项目的大气环境评价工作进行分级。结合项目的初步工程分析结果,选择正常排放的主要污染物及排放参数,采用估算模式分别计算每一种污染物的最大地面浓度占标率 P_i(第 i 个污染物),及第 i 个污染物的地面浓度达标准限值 10%时所对应的最远距离 $D_{10\%}$。

其中 P_i 定义为:

$$P_i = (C_i / C_0) \times 100\%$$

式中 P_i——第 i 个污染物的最大地面浓度占标率,%;
　　C_i——采用估算模式计算出的第 i 个污染物的最大 1 h 地面空气质量浓度,$\mu g/m^3$;
　　C_{0i}——第 i 个污染物的环境空气质量标准,$\mu g/m^3$。

C_{oi} 一般选用 GB3095 中 1 小时平均取样时间的二级标准的浓度限值;如项目位于一类环境空气功能区,应选择相应的一级浓度限值。对仅有 8 h 平均质量浓度限值、日平均质量浓度限值或年平均质量浓度限值的,可分别按 2 倍、3 倍、6 倍折算为 1 h 平均质量浓度限值。评价工作等级如表 4-2-1 所示。

表 4-2-1　评价工作等级

评价工作等级	评价工作分级判据
一级	$P_{max} \geq 10\%$
二级	$1\% \leq P_{max} < 10\%$
三级	$P_{max} < 1\%$

评价工作等级的确定还应符合以下规定:

① 同一项目有多个(两个以上,含两个)污染源排放同一种污染物时,则按各污染源分别确定其评价等级,并取评价级别最高者作为项目的评价等级。

② 对于电力、钢铁、水泥、石化、化工、平板玻璃、有色等高耗能行业的多源(两个以上,含两个)项目,或以使用高污染燃料为主的多源项目,并且编制环境影响报告书的项目评价等级提高一级。

③ 对于新建包含 1 km 及以上隧道工程的城市快速路、主干路等城市道路项目,按项目隧道主要通风竖井及隧道出口排放的污染物计算其评价等级。

④ 对于等级公路、铁路项目,分别按项目沿线主要集中式排放源(如服务区、车站等大气污染源)排放的污染物计算其评价等级。

⑤ 对于新建、迁建及飞行区扩建的枢纽及干线机场项目,应考虑机场飞机起降及相关辅助设施排放源对周边城市的环境影响,评价等级取一级。

4.2.2 评价范围的确定

根据项目排放污染物的最远影响范围确定大气环境影响评价范围。

一级评价项目根据建设项目排放污染物的最远影响距离（$D_{10\%}$）确定大气环境影响评价范围，其中 $D_{10\%}$ 是指第 i 个污染物的地面浓度达标准限值10%所对应的最远距离。即以项目厂址为中心区域，自厂界外延 $D_{10\%}$ 的矩形区域作为大气环境影响评价范围。当 $D_{10\%}$ 超过 25 km 时，确定评价范围为边长 50 km 的矩形区域；当 $D_{10\%}$ 小于 2.5 km 时，评价范围边长取 5 km。

二级评价项目大气环境影响评价范围边长取 5 km。

三级评价项目不需设置大气环境影响评价范围。

对于新建、迁建及飞行区扩建的枢纽及干线机场项目，评价范围还应考虑受影响的周边城市，最大取边长 50 km。

规划的大气环境影响评价范围以规划区边界为起点，外延规划项目排放污染物的最远影响距离（$D_{10\%}$）的区域。

4.3 污染源调查与分析

4.3.1 大气污染源调查要求

大气污染源调查内容依评价等级而定。

1. 一级评价项目

大气污染源需要调查评价项目不同排放方案有组织及无组织排放源，对于改建、扩建项目还应调查评价项目现有污染源。

评价项目污染源调查包括正常排放和非正常排放，其中非正常排放调查内容包括非正常工况、频次、持续时间和排放量。

调查评价项目所有拟被替代的污染源（如有），包括被替代污染源名称、位置、排放污染物及排放量、拟被替代时间等。

调查评价范围内与评价项目排放污染物有关的其他在建项目、已批复环境影响评价文件的拟建项目等污染源。

对于编制报告书的工业项目，分析调查受评价项目物料及产品运输影响新增的交通运输移动源，包括运输方式、新增交通流量、排放污染物及排放量。

2. 二级评价项目

二级评价需要调查评价项目不同排放方案有组织及无组织排放源，以及正常排放和非正常排放情况；对于改建、扩建项目还应调查评价项目现有污染源，同时需要调查评价项目所有拟被替代的污染源。

3. 三级评价项目

三级评价只调查评价项目新增污染源和拟被替代的污染源。

4. 其他

对于城市快速路、主干路等城市道路的新建项目，需调查道路交通流量及污染物排放量。对于采用网格模型预测二次污染物的，需结合空气质量模型及评价要求，开展区域现状污染源排放清单调查。污染源调查要求如表 4-3-1 所示。

表 4-3-1 污染源调查要求

调查内容		评价等级		
		一级	二级	三级
项目污染源	项目新增污染源（包括有组织、无组织、正常排放、非正常排放）	√	√	√
	项目现有污染源（对于改、扩建项目）	√	√	
评价范围内与项目排放污染物有关的其他在建项目的污染源		√		
已批复环境影响评价文件的未建项目的污染源		√		
如有区域替代方案，应调查评价范围内所有拟替代的污染源		√	√	√

4.3.2 污染源调查数据来源

新建项目的污染源调查，需要结合工程分析，依据大气或规划相关环评导则、行业排污许可证申请与核发技术规范及各污染源源强核算技术指南等，从严确定污染物排放量。

评价范围内在建和拟建项目的污染源调查，可使用已批准的环境影响评价文件中的资料；改建、扩建项目现状工程的污染源和评价范围内拟被替代的污染源调查，可根据数据的可获得性，依次优先使用项目监督性监测数据、在线监测数据、年度排污许可执行报告、自主验收报告、排污许可证数据、环评数据或补充污染源监测数据等。污染源监测数据应采用满负荷工况下的监测数据或者换算至满负荷工况下的排放数据。

4.3.3 污染源调查内容

大气污染源有点源、面源、体源、线源、火炬源、烟塔合一排放源、机场源等不同排放形式，实际调查时需根据项目污染物排放情况给出不同污染源参数。

开展污染源调查时，要分准备期、施工期、运行期、服务期满（根据项目情况确定）不同时期，同时需要调查项目正常排放、非正常排放的不同情形，按照源清单要求给出污染源参数，并说明数据来源。当污染源排放为周期性变化时，还需给出周期性变化排放系数。

1. 点源调查内容

点源污染主要是指以排气筒方式排放产生的污染，需要调查排气筒底部中心坐标（坐标可采用UTM坐标或经纬度），以及排气筒底部的海拔高度（m），排气筒几何高度（m）、排气筒出口内径（m），还有烟气流速（m/s）、排气筒出口处烟气温度（℃），以及各主要污染物排放速率（kg/h）、年排放小时数（h）等。

2. 线源调查内容

道路行驶的汽车属于典型的移动线源，产生的污染物一般为 NO_x、THC、NO 等。线源调查时需要调查线源的几何尺寸（分段坐标），线源宽度（m），距地面高度（m），有效排放高度（m），街道街谷高度（可选）（m），以及各种车型的污染物排放速率 $[kg/(km \cdot h)]$，还需要调查平均车速（km/h）、各时段车流量（辆/h）、车型比例。

3. 面源调查内容

面源调查需要了解面源坐标、面源的海拔高度和有效排放高度（m），以及各主要污染物排放速率（kg/h）、排放工况、年排放小时数（h）。

4. 体源调查内容

体源调查需要了解体源中心点坐标以及体源所在位置的海拔高度（m）、体源有效高度（m）、体源排放速率（kg/h）、排放工况、年排放小时数（h），还有体源的边长（m）（把体源划分为多个正方形的边长）。

5. 火炬源调查内容

火炬源需要调查火炬底部中心坐标以及火炬底部的海拔高度（m）、火炬等效内径 D（m）、火炬的等效高度 h_{eff}（m）、火炬等效烟气排放速度（m/s，默认设置为 20 m/s），还有排气筒出口处的烟气温度（℃，默认设置为1000 ℃），以及火炬源排放速率（kg/h）、排放工况、年排放小时数（h）。

6. 烟塔合一排放源调查内容

烟塔合一排放源需要调查冷却塔底部中心坐标与排气筒底部的海拔高度（m）、冷却塔高度（m）与冷却塔出口内径（m），以及冷却塔出口烟气流速（m/s）、冷却塔出口烟气温度（℃）、烟气中液态水含量（kg/kg）、烟气相对湿度（%），还有各主要污染物排放速率（kg/h）、排放工况、年排放小时数（h）。

4.4 环境空气质量现状调查与评价

4.4.1 环境空气质量现状调查

环境空气现状调查的内容包括项目所在区域大气环境质量达标情况、有环境质量标准的评价因子的环境质量监测数据或进行补充监测的数据,以及计算环境空气保护目标和网格点的环境质量现状浓度等,具体的内容根据评价等级确定,如表 4-4-1 所示。

表 4-4-1 不同评价等级环境空气现状调查内容

调查内容	一级	二级	三级
项目所在区大气环境质量达标情况	√	√	√
有环境质量标准的评价因子环境质量监测数据或补充监测数据	√	√	
计算环境空气保护目标和网格点的环境质量现状浓度	√		

项目所在区域达标判定,优先采用国家或地方生态环境主管部门公开发布的评价基准年环境质量公告或环境质量报告中的数据或结论。根据现行《环境空气质量评价技术规范(试行)》(HJ 663)的规定,污染物浓度评价结果符合 GB 3095 和 HJ663 规定,即为达标。所有污染物浓度均达标,即为环境空气质量达标。

网格点的分布应具有足够的分辨率以尽可能精确预测污染源对评价范围的最大影响,网格可以根据具体情况采用直角坐标网格或极坐标网格,并应覆盖整个评价范围。预测网格点设置方法见表 4-4-2。

表 4-4-2 预测网格点设置方法

预测网格方法		直角坐标网格	极坐标网格
布点原则		网格等间距或近密远疏法	径向等间距或距源中心近密远疏法
预测网格点网格距	距离源中心≤1 000 m	50~100 m	50~100 m
	距离源中心>1 000 m	100~500 m	100~500 m

4.4.2 现状评价数据来源

4.4.2.1 数据选用要求

环境质量现状的评价因子,分为基本污染物和其他污染物。其中基本污染物包括二氧化硫(SO_2)、可吸入颗粒物(PM_{10})、细颗粒物($PM_{2.5}$)、二氧化氮(NO_2)、一氧化碳(CO)、臭氧(O_3)。项目排放的、除基本污染物外的称为其他污染物质。

进行现状评价时优先采用评价范围内国家或地方环境空气质量监测网中评价基准年连续 1 年的监测数据,或采用生态环境主管部门公开发布的环境空气质量现状数据。

对于评价范围内没有环境空气质量监测网数据或公开发布的环境空气质量现状数据的,基本污染物的调查可选择符合现行《环境空气质量监测点位布设技术规范(试行)》(HJ 664)规定,并且与评价范围地理位置邻近,地形、气候条件相近的环境空气质量城市点或区域点监测数据;其他污染物可收集评价范围内近 3 年与项目排放的其他污染物有关的历史监测资料。

对于位于环境空气质量一类区的环境空气保护目标或网格点,各污染物环境质量现状浓度可取符合相关规定,并且与评价范围地理位置邻近,地形、气候条件相近的环境空气质量区域点或背景点监测数据。

没有以上相关监测数据或监测数据不能满足规定的评价要求时,应按要求进行补充监测。

4.4.2.2　补充监测要求

补充监测时,首先根据监测因子的污染特征,选择污染较重的季节进行现状监测,应至少取得 7 d 有效数据。对于部分无法进行连续监测的其他污染物,可监测其一次空气质量浓度,监测时次应满足所用评价标准的取值时间要求。

监测布点时点位的选取是以近 20 年统计的当地主导风向为轴向,在厂址及主导风向下风向 5 km 范围内设置 1~2 个监测点。如需在一类区进行补充监测,监测点应设置在不受人为活动影响的区域。

环境空气质量监测点位置的周边环境应符合相关环境监测技术规范的规定。监测点周围空间应开阔,采样口水平线与周围建筑物的高度夹角小于 30°;监测点周围应有 270°采样捕集空间,空气流动不受任何影响;避开局地污染源的影响,原则上 20 m 范围内应没有局地排放源;避开树木和吸附力较强的建筑物,一般在 15~20 m 内没有绿色乔木、灌木等。

同时,还应注意监测点的可到达性和电力保证。

4.4.3　环境空气质量现状评价

根据收集与补充监测数据,可以对项目所在区域的环境空气质量现状进行评价,主要内容包括项目所在区域达标判断、各污染物的环境质量现状评价、环境空气保护目标及网格点环境质量现状浓度等。

4.4.3.1　项目所在区域达标判断

城市环境空气质量达标情况评价指标为 SO_2、NO_2、PM_{10}、$PM_{2.5}$、CO 和 O_3,六项污染物全部达标即为城市环境空气质量达标。

根据国家或地方生态环境主管部门公开发布的城市环境空气质量达标情况,判断项目所在区域是否属于达标区。如项目评价范围涉及多个行政区(县级或以上,下同),

需分别评价各行政区的达标情况,若存在不达标行政区,则判定项目所在评价区域为不达标区。

国家或地方生态环境主管部门未发布城市环境空气质量达标情况的,可按照现行《环境空气质量评价技术规范(试行)》(HJ 663)中各评价项目的年评价指标进行判定。年评价指标中的年均浓度和相应百分位数 24 h 平均或 8 h 平均质量浓度满足现行《环境空气质量标准》(GB 3095)中浓度限值要求的即为达标。

4.4.3.2 各污染物的环境质量现状评价

长期监测数据的现状评价内容,按 HJ663 中的统计方法对各污染物的年评价指标进行环境质量现状评价。对于超标的污染物,计算其超标倍数和超标率。

补充监测数据的现状评价内容,分别对各监测点位不同污染物的短期浓度进行环境质量现状评价。对于超标的污染物,计算其超标倍数和超标率。

1. 超标倍数

超标倍数是指污染物浓度超过现行《环境空气质量标准》(GB 3095)中对应平均时间的浓度限值的倍数。超标项目 i 的超标倍数按下式计算:

$$B_i = (C_i - S_i)/S_i$$

式中　B_i ——表示超标项目 i 的超标倍数;
　　　C_i ——超标项目 i 的浓度值;
　　　S_i ——超标项目 i 的浓度限值标准,一类区采用一级浓度限值标准,二类区采用二级浓度限值标准。

在年度评价时,对于 SO_2、NO_2、PM_{10}、$PM_{2.5}$,分别计算年平均浓度和 24 小时平均的特定百分位数浓度相对于年均值标准和日均值标准的超标倍数;对于 O_3,计算日最大 8 小时平均的特定百分位数浓度相对于 8 小时平均浓度限值标准的超标倍数;对于 CO,计算 24 小时平均的特定百分位数浓度相对于浓度限值标准的超标倍数。

2. 超标率

超标率是指在一定时段内,污染物评价结果为超标的百分比。超标率按下式计算:

$$M_i = (A_i/E_i) \times 100\%$$

式中　M_i ——评价项目 i 的超标率。
　　　A_i ——评价时段内,评价项目 i 超标的天(小时)数。
　　　E_i ——评价时段内,评价项目 i 的有效监测天(小时)数。

3. 百分位数计算

污染物浓度序列的第 p 百分位数计算方法:

① 将污染物浓度按数值从小到大排序：

$$\{X_{(i)}, i=1,2,\cdots n\}$$

式中 $X_{(i)}$——污染物浓度值；

n——污染物数值的总数量。

② 计算第 p 百分位数 m_p 的序数 k：

$$k=1+(n-1)\cdot p\%$$

式中 K——$p\%$位置对应的序数；

假如要计算 SO_2 日均值第 98 百分位数，污染物浓度数量有 100 个，则 $p\%=98\%$，$n=100$，由此计算出 $K=97.02$。

③ 第 p 百分位数 m_p 按下式计算：

$$m_p = X_{(s)} + \left(X_{(s+1)} - X_{(s)}\right) \times (k-s)$$

式中 S——k 取整部分；

$X_{(S)}$——污染物浓度系列中第 S 位数值。

4.4.3.3 环境空气保护目标及网格点环境质量现状浓度

（1）对采用多个长期监测点位数据进行现状评价的，取各污染物相同时刻各监测点位的浓度平均值，作为评价范围内环境空气保护目标及网格点环境质量现状浓度，计算方法见下式。

$$C_{现状(x,y,t)} = \frac{1}{n}\sum_{j=1}^{n} C_{现状(j,t)}$$

式中 $C_{现状(x,y,t)}$——环境空气保护目标及网格点 (x,y) 在 t 时刻环境质量现状浓度，$\mu g/m^3$；

$C_{现状(j,t)}$——第 j 个监测点位在 t 时刻环境质量现状浓度（包括短期浓度和长期浓度），$\mu g/m^3$；

n——长期监测点位数。

（2）对采用补充监测数据进行现状评价的，取各污染物不同评价时段监测浓度的最大值，作为评价范围内环境空气保护目标及网格点环境质量现状浓度。对于有多个监测点位数据的，先计算相同时刻各监测点位平均值，再取各监测时段平均值中的最大值。

$$C_{现状(x,y)} = \max\left[\frac{1}{n}\sum_{j=1}^{n} C_{监测(j,t)}\right]$$

式中 $C_{现状(x,y)}$——环境空气保护目标及网格点 (x,y) 环境质量现状浓度，$\mu g/m^3$；

$C_{监测(j,t)}$——第 j 个监测点位在 t 时刻环境质量现状浓度（包括 1 h 平均、8 h 平均或日平均质量浓度），$\mu g/m^3$；

n——现状补充监测点位数。

4.4.4 图表要求和文字结论

1. 绘图要求

图表一般比较直观和清晰。通常大气环境质量现状评价项目需要提供的图件包括：① 大气环境影响评价的范围；② 大气环境现状监测点位的布设图，是在基础底图上叠加环境质量现状监测点位分布，并明确标示国家监测站点、地方监测站点和现状补充监测点的位置；③ 大气环境敏感目标分布图。

2. 表格要求

增加表格来统计大气环境质量现状比单纯的文字叙述更为简单明了。一般大气环境质量现状评价中的表格有：① 大气环境敏感目标分布表；② 环境现状监测点位分布表；③ 大气环境现状监测结果统计表等。各评价表如表4-4-3~表4-4-6。

表4-4-3 区域空气质量现状评价表

污染物	年评价指标	现状浓度（μg/m³）	标准值（μg/m³）	占标率/%	达标情况
	年平均质量浓度				
	百分位数日平均或8 h平均质量浓度				

表4-4-4 基本污染物环境质量现状

点位名称	监测点坐标/m	污染物	年评价指标	评价标准/(μg/m³)	现状浓度/(μg/m³)	最大浓度占标率/%	超标频率/%	达标情况

表4-4-5 其他污染物补充监测点位基本信息

监测点名称	监测点坐标/m		监测因子	监测时段	相对厂址方位	相对厂界距离/m
	X	Y				

表4-4-6 其他污染物环境质量现状（监测结果）表

监测点名称	监测点坐标/m		污染物	平均时间	评价标准/(μg/m³)	监测浓度范围/(μg/m³)	最大浓度占标率/%	超标率/%	达标情况
	X	Y							

3. 文字结论

大气环境质量现状评价结论主要包括几个方面：① 污染源调查结果，包括区域主要污染源和污染物；② 项目区环境质量达标情况；③ 大气环境质量现状监测中各污染物的达标情况，包括超标因子、超标率、超标倍数，结合污染源调查分析超标原因；④ 分析区域大气环境质量的优劣程度，判断现有大气环境对项目的制约。

4.5 大气环境影响预测

根据现行《环境影响评价技术导则 大气环境》(HJ 2.2)，各级评价要求如下：

一级评价项目应采用进一步预测模型开展大气环境影响预测与评价。

二级评价项目不进行进一步预测与评价，只对污染物排放量进行核算。

三级评价项目不进行进一步预测与评价，但一般要进行简单分析说明。

4.5.1 预测时期及预测因子

大气环境影响预测的时期一般分为施工期和运行期，其中运行期是重点。

一般选择施工期和运行期产生的主要污染物为预测因子，一般选取有环境空气质量标准的评价因子作为预测因子。

4.5.2 预测范围

预测范围应覆盖评价范围，并覆盖各污染物短期浓度贡献值占标率大于10%的区域。

对于经判定需预测二次污染物的项目，预测范围应覆盖$PM_{2.5}$年平均质量浓度贡献值占标率大于1%的区域。

对于评价范围内包含环境空气功能区一类区的，预测范围应覆盖项目对一类区最大环境影响。

预测范围一般以项目厂址为中心，东西向为X坐标轴、南北向为Y坐标轴。

4.5.3 预测周期

选取评价基准年作为预测周期，预测时段取连续1年。

选用网格模型模拟二次污染物的环境影响时，预测时段应至少选取评价基准年1、4、7、10月。

4.5.4 预测模型

根据生态环境部发布大气环评导则,进行大气环境影响预测时的推荐模型包括估算模型 AERSCREEN、进一步预测模型 AERMOD、ADMS、AUSTAL2000、EDMS/AEDT、CALPUFF 以及 CMAQ 等光化学网格模型。

模型适用性按预测范围、污染源的排放形式、污染物性质、适用特殊气象条件进行选择。当推荐模型适用性不能满足需要时,可选择适用的替代模型。

4.5.5 预测评价

根据预测模型的结果对项目的大气环境影响进行评价,分达标区、不达标区、区域规划的大气环境影响评价。

4.5.5.1 达标区的评价项目

项目正常排放条件下,预测环境空气保护目标和网格点主要污染物的短期浓度和长期浓度贡献值,评价其最大浓度占标率。

项目正常排放条件下,预测评价叠加环境空气质量现状浓度后,环境空气保护目标和网格点主要污染物的保证率日平均质量浓度和年平均质量浓度的达标情况,比较分析不同污染治理设施、预防措施或排放方案的有效性;对于项目排放的主要污染物仅有短期浓度限值的,评价其短期浓度叠加后的达标情况。如果是改建、扩建项目,还应同步减去"以新带老"污染源的环境影响。如果有区域削减项目,应同步减去削减源的环境影响。如果评价范围内还有其他排放同类污染物的在建、拟建项目,还应叠加在建、拟建项目的环境影响。

项目非正常排放条件下,预测评价环境空气保护目标和网格点主要污染物的 1 h 最大浓度贡献值及占标率。

4.5.5.2 不达标区的评价项目

项目正常排放条件下,预测环境空气保护目标和网格点主要污染物的短期浓度和长期浓度贡献值,评价其最大浓度占标率。

项目正常排放条件下,预测评价叠加大气环境质量限期达标规划(简称"达标规划")的目标浓度后,环境空气保护目标和网格点主要污染物保证率日平均质量浓度和年平均质量浓度的达标情况,比较分析不同污染治理设施、预防措施或排放方案的有效性;对于项目排放的主要污染物仅有短期浓度限值的,评价其短期浓度叠加后的达标情况。如果是改建、扩建项目,还应同步减去"以新带老"污染源的环境影响。如果有区域达标规划之外的削减项目,应同步减去削减源的环境影响。如评价范围内还有其他排放同类污染物的在建、拟建项目,还应叠加在建、拟建项目的环境影响。

对于无法获得达标规划目标浓度场或区域污染源清单的评价项目，需评价区域环境质量的整体变化情况。

项目非正常排放条件下，预测环境空气保护目标和网格点主要污染物的 1 h 最大浓度贡献值，评价其最大浓度占标率。

4.5.5.3　区域规划

预测评价区域规划方案中不同规划年叠加现状浓度后，环境空气保护目标和网格点主要污染物保证率日平均质量浓度和年平均质量浓度的达标情况；对于规划排放的其他污染物仅有短期浓度限值的，评价其叠加现状浓度后短期浓度的达标情况。

预测评价区域规划实施后的环境质量变化情况，分析区域规划方案的可行性。

4.5.5.4　大气环境防护距离

对于项目厂界浓度满足大气污染物厂界浓度限值，但厂界外大气污染物短期贡献浓度超过环境质量浓度限值的，可以自厂界向外设置一定范围的大气环境防护区域，以确保大气环境防护区域外的污染物贡献浓度满足环境质量标准。

对于项目厂界浓度超过大气污染物浓度限值的，应要求削减排放源强或调整工程布局，满足厂界浓度限值后，再核算大气环境防护距离。

大气环境防护距离内不应有长期居住的人群。

不同评价对象或排放方案对应预测内容和评价要求见表 4-5-1。

表 4-5-1　环境空气保护目标和网格点主要污染物预测内容和评价要求

评价对象	项目类型	污染源	污染源排放形式	预测内容
达标区评价项目	新建项目、改扩建	新增污染源	正常排放	短期浓度、长期浓度贡献值，评价最大浓度占标率
	新建项目	新增污染源－区域削减污染源（如有）＋其他在建、拟建污染源（如有）	正常排放	叠加环境质量现状浓度后的保证率日平均质量浓度和年平均质量浓度的占标率；仅有短期浓度的，评价短期浓度叠加后的达标情况
	改扩建项目	新增污染源－以新带老污染源（如有）－区域削减污染源（如有）＋其他在建、拟建污染源（如有）	正常排放	
	新建项目、改扩建	新增污染源	非正常排放	1 h 最大浓度贡献值及占标率

续表

评价对象	项目类型	污染源	污染源排放形式	预测内容
不达标区评价项目	新建项目、改扩建	新增污染源	正常排放	短期浓度、长期浓度贡献值，评价最大浓度占标率
	新建项目	新增污染源－区域达标规划之外的削减污染源（如有）＋其他在建、拟建污染源（如有）	正常排放	叠加达标规划目标浓度后的保证率日平均质量浓度和年平均质量浓度的占标率，或短期浓度的达标情况；评价年平均质量浓度变化率
	新建项目、改扩建	新增污染源－以新带老污染源（如有）－区域达标规划之外的削减污染源（如有）＋其他在建、拟建污染源（如有）	正常排放	
	新建项目、改扩建	新增污染源	非正常排放	1 h最大浓度贡献值及占标率
区域规划		不同规划期/规划方案污染源	正常排放	短期浓度 长期浓度
大气环境防护距离		新增污染源－以新带老污染源（如有）＋项目全厂现有污染源	正常排放	短期浓度

4.6　大气污染防治措施

大气环境污染防治的目的包括三方面的内容：维护大气的清洁，防治大气污染；保护和改善生活环境和生态环境，保障人体健康；促进经济和社会的可持续发展。

大气环境污染防治的内容非常丰富，具有综合性和系统性，涉及环境规划管理、能源利用、污染治理等方面；从采取对策的结果上有三个层次：避免、消除、减轻负面的环境影响。对于一个建设项目，提出的大气污染防治对策要从规划、技术、管理各方面入手，并针对项目实施的各阶段提出具体的对策。

4.6.1　污染控制措施有效性分析与方案比选

达标区建设项目选择大气污染治理设施、预防措施或多方案比选时，应综合考虑成本和治理效果，选择最佳可行技术方案，保证大气污染物能够达标排放，并使环境影响可以接受。

不达标区建设项目选择大气污染治理设施、预防措施或多方案比选时，应优先考虑治理效果，结合达标规划和替代源削减方案的实施情况，在只考虑环境因素前提下选择最优技术方案，保证大气污染物达到最低排放强度和排放浓度，并使环境影响可以接受。

4.6.2 环境管理措施

4.6.2.1 施工期

项目施工期的大气污染主要体现在两个方面：施工场地扬尘和燃料废气排放。

防治施工场地（及辅助设施）扬尘常用对策：

（1）合理组织施工，缩短施工时间，并使单位时间内施工场地最小化。

（2）场地施工面适当喷水保持湿润。

（3）及时在裸土上进行覆盖，常采用植被、沙、石等，小面积的可用毡布等覆材遮盖。

（4）采用建材合理放置或移种树木，设置人工围栏等措施减小施工场地风速。

（5）对于大面积的施工场地，还可以采用化学稳定剂固化表土。

（6）对于施工辅助设施，如取土场、建筑材料转运场、土方堆场及无铺砌道路等，要采用上述措施控制场地扬尘。

施工机械、运输车和燃料废气排放防治对策：

（1）施工前做好施工机械与运输车辆使用规划，减少施工机械使用时间和运输车次。

（2）合理安排运输车辆频次、密度，降低单位时间燃料废气排放量。

4.6.2.2 运行期

由于各地区（或城市）的大气污染特征、条件及大气污染综合防治的方向和重点不尽相同，建设项目间行业性质、生产工艺、规模等差异，难以找到适合一切情况的综合防治措施，因此需要因地制宜地提出相应的对策。

运行阶段常用的大气污染控制措施一般从以下几个方面着手：

（1）污染源头控制。推行清洁生产，改进生产工艺，严格操作过程，尽可能减少生产过程中的污染物。

（2）综合利用，提高资源利用率。综合利用包括：进入生产系统资源的综合利用、循环利用、重复利用、资源化利用等，可以提高资源利用率。

（3）合理利用能源。能源利用是造成大气污染的重要来源，合理利用能源可以直接或间接减小大气污染物的排放。通常采取的措施包括以下几个方面：

① 节约能源、余热利用。这些措施可以减小单位产值的能源消耗，提高能源利用效率，不仅可以减少污染物的排放，还可以减少热污染。

② 调整能源结构和用能方式。使用高热值、低大气污染物排放的燃料有助于减轻大气污染。对于用能方式，在条件许可情况下，不提倡厂内自备的小锅炉。

③ 采用先进的清洁煤技术。煤燃烧排放的废气对大气造成严重污染，应积极采用先进的清洁煤技术，主要包括燃烧前的选煤、型煤、气化、液化、水煤浆等技术，燃烧中的循环流化床脱硫、低氯燃烧、煤气化联合循环发电和热电联产等技术，燃烧后的烟气除尘、脱硫和其他各种废气净化技术。

（4）利用工程技术控制废气排放。提出的工程治理措施应当经济、实用，最好采用能达到治理目的要求的现有技术。主要的工程治理技术有以下几个方面：

① 提出设备设计标准。根据污染物浓度预测结果和污染物排放量的分析，对生产设备提出设备设计参数要求，对大气污染物治理设施提出治理效率要求。

② 安装除尘净化装置。微尘和有害气体是大气的主要污染物，根据污染物的特性可分别采用除尘、吸收、吸附、催化转化、燃烧转化、冷凝、生物净化（吸收、过滤等）、电子束照射、膜分离等方法进行捕捉、处理、回收利用而使空气得以净化。

③ 选择有利污染物扩散的排放方式。排放方式不同，其扩散效果也不一样，较常采用的是高烟囱排放和集束烟囱排放。

提高烟囱的有效高度不仅能使烟气得到充分的稀释，同时，也是减轻地面污染的措施之一。集束烟囱排放，就是将几个（一般是 2～4 个）排烟设备集中到一个烟囱中排放，以使排放的烟气温度增加，提高烟气出口速度。这种高温、高速的烟流将呈环状吹向天空，扩散效果良好，从而使矮烟囱起到高烟囱的作用。

当地的落地浓度虽然减少了，但排烟范围却扩大了。所以采用上述措施，尚不能根本解决污染问题。

4.6.2.3 环境规划与管理的建议

（1）评价区污染物控制规划。当拟建项目所在区域的大气污染物背景浓度超标时，应提出区域排放总量的削减方案，着眼点在于以下几个方面：

① 调整区域产业政策，淘汰高污染、低产值企业。

② 合理规划区域工业布局，减小对局部区域的污染影响。

③ 提出评价区内主要污染源的污染物共同削减方案。

（2）提出厂址及总图布置的合理化建议。特别要注意大气污染物排放源与敏感目标的方位、距离关系，以及厂区内生产区与非生产区的位置关系：

① 拟建项目尽量避开在敏感目标上风向选址。

② 拟建项目的生活区不应设置在生产区主导风向、次主导风向下风向区域。

（3）根据当地污染现状和环境容量，对拟建项目提出合理的发展规模要求。

（4）加强环境管理。大气污染防治重在管理，具体内容为以下几个方面：

① 提出对拟建项目环境管理机构设置及人员配备的要求，明确各级管理机构及人员的职责。

② 提出对污染治理设施的运行、维护、检修的具体要求。
③ 提出拟建项目大气污染监测机构的设置、设备要求，以及对监测项目数据保管、提交等要求。
④ 提出后评估的阶段要求。
（5）对一些敏感区域还应当提出项目建成投产后的大气环境监测规划。

4.6.3 环境监测计划

建设项目在运行期的环境监测计划是环保措施的重要内容之一。

一级评价项目提出项目在生产运行阶段的污染源监测计划和环境质量监测计划。

二级评价项目要提出项目在生产运行阶段的污染源监测计划。

三级评价项目适当简化环境监测计划。

生态环境部先后颁布了《排污单位自行监测技术指南》系列，包括总则，以及农药、食品、电镀、平板玻璃、有色金属、石油化工等多个行业，用于指导企业开展运行期污染监测方案的制定。污染源监测计划按照《排污单位自行监测技术指南》系列要求及排污许可证申请与核发技术规范执行，应明确监测点位、监测指标、监测频次、执行排放标准。

制定环境质量监测计划时，筛选项目排放污染物 $P_i \geqslant 1\%$ 的其他污染物作为环境质量监测因子，监测点位一般在项目厂界或大气环境防护距离（如有）外侧设置 1~2 个监测点。各监测因子的环境质量每年至少监测一次。

新建 10 千米及以上的城市快速路、主干路等城市道路项目，应在道路沿线设置至少 1 个路边交通自动连续监测点，监测项目包括道路交通源排放的基本污染物。

4.7 大气环境影响评价结论与建议

4.7.1 大气环境影响评价结论

4.7.1.1 达标区域

达标区域的建设项目环境影响评价，当同时满足以下条件时，则认为环境影响可以接受。

（1）新增污染源正常排放下污染物短期浓度贡献值的最大浓度占标率≤100%。

（2）新增污染源正常排放下污染物年均浓度贡献值的最大浓度占标率≤30%（其中一类区≤10%）。

（3）项目环境影响符合环境功能区划。叠加现状浓度、区域削减污染源以及在建、拟建项目的环境影响后，主要污染物的保证率日平均质量浓度和年平均质量浓度均符合环境质量标准；对于项目排放的主要污染物仅有短期浓度限值的，叠加后的短期浓度符合环境质量标准。

4.7.1.2 不达标区域

不达标区域的建设项目环境影响评价，当同时满足以下条件时，则认为环境影响可以接受。

（1）达标规划未包含的新增污染源建设项目，需另有替代源的削减方案。

（2）新增污染源正常排放下污染物短期浓度贡献值的最大浓度占标率≤100%。

（3）新增污染源正常排放下污染物年均浓度贡献值的最大浓度占标率≤30%（其中一类区≤10%）。

（4）项目环境影响符合环境功能区划或满足区域环境质量改善目标。现状浓度超标的污染物评价，叠加达标年目标浓度、区域削减污染源以及在建、拟建项目的环境影响后，污染物的保证率日平均质量浓度和年平均质量浓度均符合环境质量标准或满足达标规划确定的区域环境质量改善目标，或计算的预测范围内年平均质量浓度变化率 $k \leqslant -20\%$；对于现状达标的污染物评价，叠加后污染物浓度符合环境质量标准；对于项目排放的主要污染物仅有短期浓度限值的，叠加后的短期浓度符合环境质量标准。

4.7.1.3 区域规划

区域规划的环境影响评价，当主要污染物的保证率日平均质量浓度和年平均质量浓度均符合环境质量标准，对于主要污染物仅有短期浓度限值的，叠加后的短期浓度符合环境质量标准时，则认为区域规划环境影响可以接受。

4.7.2 污染控制措施可行性及方案比选结果

大气污染治理设施与预防措施必须保证污染源排放以及控制措施均符合排放标准的有关规定，满足经济、技术可行性。

从项目选址选线、污染源的排放强度与排放方式、污染控制措施技术与经济可行性等方面，结合区域环境质量现状及区域削减方案、项目正常排放及非正常排放下大气环境影响预测结果，综合评价治理设施、预防措施及排放方案的优劣，并对存在的问题（如果有）提出解决方案。经对解决方案进行进一步预测和评价比选后，给出大气污染控制措施可行性建议及最终的推荐方案。

4.7.3 大气环境防护距离

根据大气环境防护距离计算结果，并结合厂区平面布置图，确定项目大气环境防护区域。若大气环境防护区域内存在长期居住的人群，应给出相应优化调整项目远址、布局或搬迁的建议。

4.7.4 污染物排放量核算结果

环境影响评价结论是环境影响可接受的，根据环境影响评价审批内容和排污许可证申请与核发所需表格要求，明确给出污染物排放量核算结果表，包括有组织排放、无组织排放、年排放量、非正常排放量等。大气污染物有组织排放量核算表如表 4-7-1 所示。

表 4-7-1 大气污染物有组织排放量核算表

序号	排放口编号	污染物	核算排放浓度/（μg/m³）	核算排放速率/（kg/h）	核算年排放量/（t/a）
主要排放口					
	……	……	……	……	……
主要排放口合计		SO₂			
		NOx			
		颗粒物			
		VOCs			
		……			
一般排放口					
一般排放口合计		SO₂			
		NOx			
		颗粒物			
		VOCs			
		……			
有组织排放总计					
有组织排放总计		SO₂			
		NOx			
		颗粒物			
		VOCs			
		……			

评价项目完成后污染物排放总量控制指标能否满足环境管理要求，并明确总量控制指标的来源和替代源的削减方案。

4.7.5 大气环境影响评价自查表

大气环境影响评价完成后，应对大气环境影响评价主要内容与结论进行自查。建设项目大气环境影响评价自查表内容与格式参见导则。

思考题

1. 确定大气环境影响评价等级划分及评价范围的依据是什么？
2. 大气环境质量现状监测的主要内容包括哪些？一级评价的气象调查内容有哪些？
3. 简述常用的大气环境保护措施。

5　地表水环境影响评价

建设项目的施工和运行可能造成的地表水环境影响主要有：水污染影响、水文要素影响以及复合型。因此，建设项目地表水环境影响评价划分为水污染影响型、水文要素影响型以及两者兼有的复合影响型。

开展地表水环境影响评价的基本任务，是在调查和分析评价范围内地表水环境质量现状与水环境保护目标的基础上，预测和评价建设项目对地表水环境质量和水环境保护目标（包括水环境功能区、水功能区、水环境敏感点及水环境控制单元等）的影响范围与影响程度，提出相应的环境保护措施和环境管理与监测计划，明确给出地表水环境影响是否可接受的结论。

最终达到如下要求：

（1）建设项目产生的污水实现达标排放，重点水污染物排放满足总量控制要求。

（2）建设项目施工与运行满足受影响区域环境质量要求，实现水环境功能区或水功能区、近岸海域环境功能区达标；满足水环境保护目标水域水环境质量要求，实现水环境控制单元或断面水质达标。

（3）水动力影响、生态流量、水温影响减缓措施应满足水环境保护目标的要求。

5.1 概述

5.1.1 基本概念

1. 地表水

地表水是指存在于陆地表面的河流（江河、运河及渠道）、湖泊、水库等地表水体以及入海河口和近岸海域，是地球水资源的重要组成部分。

2. 水体

水体是指地球上的水及水中的悬浮物、溶解物质、底泥和水生生物等完整的生态系统，可分为水质、底部沉积物和水生生物三个部分；同时，水量也是水生生态环境非常重要的因素。

3. 水环境保护目标

水环境保护目标是指饮用水水源保护区、饮用水取水口，涉水的自然保护区、风景名胜区，重要湿地、重点保护与珍稀水生生物的栖息地、重要水生生物的自然产卵场及索饵场、越冬场和洄游通道、天然渔场等渔业水体，及水产种质资源保护区等。

开展地表水环境影响评价工作时，应在地图中标注各水环境保护目标的地理位置、四至范围；对于评价范围内的主要水环境保护目标，要说明保护要求，并列表给出其与建设项目的相对距离、坐标、高差，以及与排放口的相对距离、坐标等信息，同时说明与建设项目的水力联系。

4. 水体污染

人类生活、项目建设等开发行为，通常影响地表水体的水量和水质，并引起水生生态系统的变化，破坏水资源的正常功能，具体表现为水的感官性状（色、嗅、味、透明度等）、物理化学性质（温度、氧化还原电位、电导率、放射性、有机和无机物质组分等）、水生生物组成（种类、数量、形态和品质等），以及底部沉积物的数量和组分发生恶化，破坏水体原有的功能，这种现象称为水体污染。与自然过程比较，人类活动是造成水体污染的主要原因。

5. 水体污染源

按排放形式不同，可将水体污染源分为两大类：点污染源和非点污染源。

点污染源是指由城市、乡镇生活污水和工业企业通过管道和沟渠收集和排入水体的废水。生活污水主要来自家庭、商业、机关、学校、餐饮业、旅游服务业及其他城市公用设施，污水中含纤维素、糖类、淀粉、蛋白质和脂肪等有机物，还含有氮、磷与硫等无机盐类以及病原微生物等污染物。

一般生活污水的 BOD_5 浓度在 150～350 mg/L，悬浮物含量在 150～350 mg/L；细菌总数在 2.5×10^6 个左右，其中含大量致病菌与病毒。工业废水来自工业生产过程，其水量和水质随生产过程而异，一般可分为工艺废水、原料及成品洗涤水、设备与场地冲洗水、冷却用水以及生产过程中跑、冒、滴、漏流失的废水。按工业废水中所含主要污染物种类差异，可将其分为：有机废水、无机废水、重金属废水、放射性废水和热废水（或温排水）等。

环评中常采用排污指标（例如排放系数）推算的方法预测点源的排放量。以居住区生活污水量 Q_s 的计算为例：

$$Q_s = qNK_s/86\,400$$

式中　Q_s——居住区生活污水量，L/s；

　　　q——每人每日的排水定额，L/（人·d）；

　　　N——设计人口数，人；

　　　K_s——总变化系数（1.5～1.7）。

工业废水量 Q_s 估算：

$$Q_s = mMK_t/(3\,600t)$$

式中　m——单位产品废水量，L/t；

　　　M——该产品的日产量，t；

　　　K_t——总变化系数，根据工艺或经验决定；

　　　t——工厂每日工作时数，h。

非点污染源又称面源，是指分散或均匀地通过岸线进入水体的废水和自然降水通过沟渠进入水体的废水，主要包括城镇排水、农田排水和农村生活废水、矿山废水、分散的小型禽畜饲养场废水，以及大气污染物通过重力沉降和降水过程进入水体等所造成的污染废水。非点源污染情况复杂，其污染影响较难定量，但又不能忽视，特别是对点源已进行有效控制后，非点源污染会日益突出。

6. 水污染当量

水污染当量是指根据污染物或者污染排放活动对地表水环境的有害程度以及处理的技术经济性，衡量不同污染物对地表水环境污染的综合性指标或者计量单位。

水污染物当量数等于该污染物的年排放量除以该污染物的污染当量值，其中水污染物污染当量值的选取参考现行《环境影响评价技术导则 地表水环境》（HJ 2.3）。

7. 水污染物通量

污染物通量是单位时间内通过单位面积的污染物的量，是表征污染物输送强度的物理参量。水污染物通量是指水体中各污染物在单位时间内通过某一断面的总质量。

8. 生态流量、安全余量

生态流量是指满足河流、湖库生态保护要求、维持生态系统结构和功能所需要的流量（水位）与过程。

安全余量是指考虑污染负荷和受纳水体水环境质量之间关系的不确定因素，为保障受纳水体水环境质量改善目标安全而预留的负荷量。

9. 地表水域规模要求

各类地表水域的规模是指地表水体的大小规模，具体规定如下。

① 河流与河口，按建设项目排污口附近河段的多年平均流量或平水期平均流量划分为：

大河：$\geqslant 150 \ m^3/s$；

中河：$15 \sim 150 \ m^3/s$；

小河：$<15 \ m^3/s$。

② 湖泊和水库，按枯水期湖泊或水库的平均水深以及水面面积划分为：

当平均水深$\geqslant 10 \ m$时：

大湖（库）：$\geqslant 25 \ km^2$；

中湖（库）：$2.5 \sim 25 \ km^2$；

小湖（库）：$<2.5 \ km^2$。

当平均水深$<10 \ m$时：

大湖（库）：$\geqslant 50 \ km^2$；

中湖（库）：$5 \sim 50 \ km^2$；

小湖（库）：$<5 \ km^2$。

具体应用时，可根据我国南、北方以及干旱、湿润地区的特点进行适当调整。

10. 水环境功能区、水功能区

水环境功能区是环境保护部门制定的，依据水域使用功能、水环境污染状况、水环境承受能力（环境容量）、社会经济发展需要以及污染物排放总量控制的要求，划定的具有特定功能的水环境，分为9类功能区：自然保护区、饮用水水源保护区、渔业用水区、工业用水区、农业用水区、景观娱乐用水区、混合区、过渡区、保留区。

水功能区是由水利部门依据《水法》、《水功能区划分标准》划定的，采用两级划分体系，一级功能区分为四类，包括水域水源保护区、保留区、开发利用区、缓冲区；开发利用区进一步划分为饮用水源区、工业用水区、农业用水区、渔业用水区、景观娱乐用水区、过渡区、排污控制区7类二级水功能区。

水环境功能区划与水功能区划具有较大的相似性，目前部分省份将水环境功能区和水功能区整合成一套区划，部分省份是实行分开管理。

11. 水环境控制单元

根据《重点流域水污染防治规划（2016—2020年）》，我国对地表水环境采取"一盘棋"管理，实施流域、水生态控制区、水环境控制单元三级分区管理。全国共划分为341个水生态控制区、1784个控制单元。

同时，将含有重要饮用水水源，具有重要生态功能以及水质达标难度较大的控制单元列为优先控制单元。控制单元重点落实水污染防治目标、任务措施、工程项目及总量控制、环评审批、排污许可与交易等环境管理措施。

12. 兴利库容

兴利库容是指水库正常蓄水位至死水位之间的水库容积，是水库实际可用于调节径流的库容。

5.1.2 水环境相关标准

1.《环境影响评价技术导则 地表水环境》（HJ 2.3）

该导则于1993年首次发布，2019年进行了第一次修订。导则规定了地表水环境影响评价的一般性原则、工作程序、内容、方法及要求，是开展建设项目或规划的地表水环境影响评价的主要依据，导则中确定了地表水环境影响评价的范围、评价等级，现状评价与预测评价等基本要求。

2.《地表水环境质量标准》（GB 3838）

该标准于1983年第一次发布，先后于1988年、1999年、2002年进行了修订；《地表水环境质量标准》按照地表水环境功能分类和保护目标，规定了水环境质量应控制的项目及限值，以及水质评价、水质项目的分析方法和标准的实施与监督，适用于中华人民共和国领域内江河、湖泊、运河、渠道、水库等具有使用功能的地表水水域。依据地表水水域环境功能和保护目标，按功能高低依次划分为五类，不同功能类别分别执行相应类别的标准值。水域功能类别高的标准值严于水域功能类别低的标准值。同一水域兼有多类使用功能的，执行最高功能类别对应的标准值。其中：

Ⅰ类主要适用于源头水、国家自然保护区；

Ⅱ类主要适用于集中式生活饮用水地表水源地一级保护区、珍稀水生生物栖息地、鱼虾类产卵场、仔稚幼鱼的索饵场等；

Ⅲ类主要适用于集中式生活饮用水地表水源地二级保护区、鱼虾类越冬场、洄游通道、水产养殖区等渔业水域及游泳区；

Ⅳ类主要适用于一般工业用水区及人体非直接接触的娱乐用水区；

Ⅴ类主要适用于农业用水区及一般景观要求水域。

表 5-1-1　地表水环境质量标准基本项目标准限值（摘选）　　单位：mg/L

序号	分类 项目 标准值	Ⅰ类	Ⅱ类	Ⅲ类	Ⅳ类	Ⅴ类
1	水温（℃）	人为造成的环境水温变化应限制在：周平均最大温升≤1，周平均最大温降≤2				
2	pH值（无量纲）	6~9				
3	溶解氧 ≥	饱和率90%（或7.5）	6	5	3	2
4	高锰酸盐指数 ≤	2	4	6	10	15
5	化学需氧量（COD）≤	15	15	20	30	40
6	五日生化需氧量（BOD$_5$）≤	3	3	4	6	10
7	氨氮（NH$_3$-N）≤	0.15	0.5	1.0	1.5	2.0
8	总磷（以P计）≤	0.02（湖、库0.01）	0.1（湖、库0.025）	0.2（湖、库0.05）	0.3（湖、库0.1）	0.4（湖、库0.2）
9	总氮（湖、库，以N计）≤	0.2	0.5	1.0	105	2.0
10	…	…	…	…	…	…
11	铬（六价）≤	0.01	0.05	0.05	0.05	0.1
12	挥发酚 ≤	0.002	0.002	0.005	0.01	0.1
13	石油类 ≤	0.05	0.05	0.05	0.5	1.0
14	粪大肠菌群（个/L）≤	200	2000	10000	20000	40000
15	…	…	…	…	…	…

3.《污水综合排放标准》(GB 8978)

该标准于1988年首次颁布,1996年进行了初次修订。该标准按照污水排放去向,规定了水污染物最高允许排放浓度及部分行业最高允许排水量。其中,标准中的排水量是指在生产过程中直接用于工艺生产的水的排放量,不包括间接冷却水、厂区锅炉、电站排水。

污水排放标准与受纳水域执行的地表水环境质量标准相对应。

① 排入GB3838Ⅲ类水域(划定的保护区和游泳区除外)和排入GB3097中二类海域的污水,执行一级标准。

② 排入GB3838中Ⅳ、Ⅴ类水域和排入GB3097中三类海域的污水,执行二级标准。

③ 排入设置二级污水处理厂的城镇排水系统的污水,执行三级标准。

④ GB3838中Ⅰ、Ⅱ类水域和Ⅲ类水域中划定的保护区,GB3097中一类海域,禁止新建排污口,现有排污口应按水体功能要求,实行污染物总量控制,以保证受纳水体水质符合规定用途的水质标准。

标准将排放的污染物按其性质及控制方式分为二类:

第一类污染物,不分行业和污水排放方式,也不分受纳水体的功能类别,一律在车间或车间处理设施排放口采样,其最高允许排放浓度必须达到该标准要求,如表5-1-2所示(采矿行业的尾矿坝出水口不得视为车间排放口)。

表 5-1-2 第一类污染物最高允许排放浓度　　　　　　　　　单位:mg/L

序号	污染物	最高允许排放浓度
1	总汞	0.05
2	烷基汞	不得检出
3	总镉	0.1
4	总铬	1.5
5	六价铬	0.5
6	总砷	0.5
7	总铅	1.0
8	总镍	1.0
9	苯并(a)芘	0.00003
10	总铍	0.005
11	总银	0.5
12	总α放射性	1Bq/L
13	总β放射性	10Bq/L

第二类污染物，在排污单位排放口采样，其最高允许排放浓度必须达到该标准要求，如表 5-1-3 所示。

表 5-1-3　第二类污染物最高允许排放浓度（摘选）　　　　单位：mg/l

序号	污染物	适用范围	一级标准	二级标准	三级标准
1	pH	一切排污单位	6～9	6～9	6～9
2	色度（稀释倍数）	一切排污单位	50	80	—
		采矿、选矿、选煤工业	70	300	—
		脉金选矿	70	400	—
3	悬浮物（SS）	边远地区砂金选矿	70	800	—
		城镇二级污水处理厂	20	30	—
		其他排污单位	70	150	400
		甘蔗制糖、苎麻脱胶、湿法纤维板、染料、洗毛工业	20	60	600
4	五日生化需氧量（BOD_5）	甜菜制糖、酒精、味精、皮革、化纤浆粕工业	20	100	600
		城镇二级污水处理厂	20	30	—
		其他排污单位	20	30	300
		甜菜制糖、合成脂肪酸、湿法纤维板、染料、洗毛、有机磷农药工业	100	200	1000
5	化学需氧量（COD）	味精、酒精、医药原料药、生物制药、苎麻脱胶、皮革、化纤浆粕工业	100	300	1000
		石油化工工业（包括石油炼制）	60	120	—
		城镇二级污水处理厂	60	120	500
		其他排污单位	100	150	500
6	石油类	一切排污单位	5	10	20
7	氨氮	医药原料药、染料、石油化工工业	15	50	—
		其他排污单位	15	25	—
		黄磷工业	10	15	20

4. 其他污水排放标准

除综合排放标准外，国家还颁布了一系列行业标准，如《城镇污水处理厂污染物排放标准》（GB 18918）、《电子工业水污染物排放标准》（GB 39731）、《石油炼制工业污染物排放标准》（GB 31570）等。

根据标准要求，新增加国家行业水污染物排放标准的行业，按其适用范围执行相应的国家水污染物行业标准，不再执行《污水综合排放标准》（GB 8978）。

5.2 地表水环境影响评价基本要求

5.2.1 工作程序

地表水环境影响评价的工作程序一般分为三个阶段。

第一阶段：研究有关文件，开展初步分析，主要工作包括：

（1）初步分析项目建设内容和可能的环境影响。

（2）开展区域环境状况的初步调查，明确水环境功能区或水功能区管理要求。

（3）识别主要环境影响，确定评价类别。

（4）根据不同评价类别进一步筛选评价因子、确定评价等级与评价范围，明确评价标准、评价重点和水环境保护目标。

第二阶段：现状评价与预测

（1）根据评价类别、评价等级及评价范围等，开展与地表水环境影响评价相关的污染源、水环境质量现状、水文水资源与水环境保护目标调查与评价，必要时开展补充监测。

（2）选择适合的预测模型，开展地表水环境影响预测评价，分析建设项目对地表水环境质量、水文要素及水环境保护目标的影响范围与程度。

（3）在水环境影响预测的基础上核算建设项目的污染源排放量、生态流量等。

第三阶段：环境保护措施与环评文件编写

（1）根据建设项目地表水环境影响预测与评价的结果，制定地表水环境保护措施，开展地表水环境保护措施的有效性评价。

（2）编制地表水环境监测计划。

（3）给出建设项目污染物排放清单和地表水环境影响评价的结论。

（4）完成环境影响评价文件的编写。

5.2.2 确定评价因子

评价因子的选取按照项目类型分为水污染影响型评价因子、水文要素影响型评价因子两种。

水污染影响型项目的评价因子的筛选，先依据污染源源强核算技术指南开展污染源与水污染因子识别，结合建设项目所在水环境控制单元或区域水环境质量现状，筛选出水环境现状调查评价与影响预测评价的因子，评价因子应符合以下要求：

（1）行业污染物排放标准中涉及的水污染物应作为评价因子。

（2）在车间或车间处理设施排放口排放的第一类污染物应作为评价因子。
（3）水温应作为评价因子。
（4）面源污染所含的主要污染物应作为评价因子。
（5）建设项目排放的，且为建设项目所在控制单元的水质超标因子或潜在污染因子（指近三年来水质浓度值呈上升趋势的水质因子），应作为评价因子。

水文要素影响型项目的评价因子，应根据建设项目对地表水体水文要素影响的特征确定，评价因子应符合以下要求：

（1）河流、湖泊及水库主要评价水面面积、水量、水温、径流过程、水位、水深、流速、水面宽、冲淤变化等因子，湖泊和水库需要重点关注湖底水域面积或蓄水量及水力停留时间等因子。

（2）感潮河段、入海河口及近岸海域主要评价流量、流向、潮区界、潮流界、纳潮量、水位、流速、水面宽、水深、冲淤变化等因子。

（3）另外，建设项目可能导致受纳水体富营养化的，评价因子还应包括与富营养化有关的因子（如总磷、总氮、叶绿素a、高锰酸盐指数和透明度等。其中，叶绿素a为必须评价的因子）。

5.2.3 评价等级划分

建设项目地表水环境影响评价等级按照影响类型、排放方式、排放量或影响情况、受纳水体环境质量现状、水环境保护目标等综合确定。

5.2.3.1 水污染影响型建设项目地表水环境影响评价评价等级划分

水污染影响型建设项目根据排放方式和废水排放量划分评价等级，其中：
（1）间接排放建设项目评价等级为三级B。
（2）直接排放建设项目按照废水排放量废$Q/(m^3/d)$、水污染物污染当量数W确定评价等级分为一级、二级和三级A。

表 5-2-1 地表水环境影响评价等级划分

评价等级	判断依据
一级	$Q \geq 20\ 000$ 或 $W \geq 600\ 000$
二级	其他
三级 A	$Q < 200$ 且 $W < 6\ 000$

水污染影响型建设项目评价等级划分时，要遵循以下规定：
（1）计算排放污染物的污染物当量数，应区分第一类水污染物和其他类水污染物，统计第一类污染物当量数总和，然后与其他类污染物按照污染物当量数从大到小排序，

取最大当量数作为建设项目评价等级确定的依据。

表 5-2-2 水污染物污染当量值（节选）

污染物类别	污染物	污染当量值/kg
第一类污染物	总汞	0.000 5
	总镉	0.005
	总铬	0.04
	六价铬	0.02
	总砷	0.02
	总铅	0.025
	...	...
第二类污染物	悬浮物（SS）	4
	生化需氧量（BOD_5）	0.5
	化学需氧量（COD_{cr}）	1
	总有机碳（TOC）	0.49
	石油类	0.1
	挥发酚	0.08
	硫化物	0.125
	氨氮	0.8
	...	...

（2）废水排放量按行业排放标准中规定的废水种类统计，没有相关行业排放标准要求的通过工程分析合理确定，应统计含热量大的冷却水的排放量，可不统计间接冷却水、循环水以及其他含污染物极少的清净下水的排放量。

（3）厂区存在堆积物（露天堆放的原料、燃料、废渣等以及垃圾堆放场）、降尘污染的，应将初期雨污水纳入废水排放量，相应的主要污染物纳入水污染当量计算。

（4）建设项目直接排放第一类污染物的，其评价等级为一级；建设项目直接排放的污染物为受纳水体超标因子的，评价等级不低于二级。

（5）直接排放受纳水体影响范围涉及饮用水水源保护区、饮用水取水口、重点保护与珍稀水生生物的栖息地、重要水生生物的自然产卵场等保护目标时，评价等级不低于二级。

（6）建设项目向河流、湖库排放温排水引起受纳水体水温变化超过水环境质量标准要求，且评价范围有水温敏感目标时，评价等级为一级。

（7）建设项目利用海水作为调节温度介质，排水量≥500 万 m^3/d，评价等级为一级；排水量<500 万 m^3/d，评价等级为二级。

（8）仅涉及清净下水排放的，如其排放水质满足受纳水体水环境质量标准要求的，评价等级为三级 A。

（9）依托现有排放口，且对外环境未新增排放污染物的直接排放建设项目，评价等级参照间接排放，定为三级 B。

（10）建设项目生产工艺中有废水产生，但作为回水利用，不排放到外环境的，按三级 B 评价。

5.2.3.2 水文要素影响型建设项目评价等级划分

水文要素影响型建设项目评价等级划分根据水温、径流与受影响地表水域等三类水文要素的影响程度进行判定。

表 5-2-3 水文要素影响型建设项目评价等级判定

评价等级	水温	径流		受影响地表水域		
	年径流量与总库容百分比 α/%	兴利库容与年径流量百分比 β/%	取水量占多年平均径流量百分比 γ/%	工程垂直投影面积及外扩范围 A_1/km²；工程扰动水底面积 A_2/km²；过水断面宽度占用比例或占用水域面积比例 R/%		工程垂直投影面积及外扩范围 A_1/km²；工程扰动水底面积 A_2/km²
				河流	湖库	入海河口、近岸海域
一级	$\alpha \leq 10$；或稳定分层	$\beta \geq 20$；或完全年调节与多年调节	$\gamma \geq 30$	$A_1 \geq 0.3$；或 $A_2 \geq 1.5$；或 $R \geq 10$	$A_1 \geq 0.3$；或 $A_2 \geq 1.5$；或 $R \geq 20$	$A_1 \geq 0.5$；或 $A_2 \geq 3$
二级	$20 > \alpha > 10$；或不稳定分层	$20 > \beta > 2$；或季调节与不完全年调节	$30 > \gamma > 10$	$0.3 > A_1 > 0.05$；或 $1.5 > A_2 > 0.2$；或 $10 > R > 5$	$0.3 > A_1 > 0.05$；或 $1.5 > A_2 > 0.2$；或 $20 > R > 5$	$0.5 > A_1 > 0.15$；或 $3 > A_2 > 0.5$
三级	$\alpha \geq 20$；或混合型	$\beta \leq 2$；或无调节	$\gamma \leq 10$	$A_1 \leq 0.05$；或 $A_2 \leq 0.2$；或 $R \leq 5$	$A_1 \leq 0.05$；或 $A_2 \leq 0.2$；或 $R \leq 5$	$A_1 \leq 0.15$；或 $A_2 \leq 0.5$

水文要素影响型建设项目评价等级划分时，要遵循以下规定：

（1）影响范围涉及饮用水水源保护区、重点保护与珍稀水生生物的栖息地、重要水生生物的自然产卵场、自然保护区等保护目标，评价等级应不低于二级。

（2）跨流域调水、引水式电站可能受到河流感潮河段影响，评价等级不低于二级。

（3）造成入海河口（湾口）宽度束窄（束窄尺度达到原宽度的 5%以上），评价等级应不低于二级。

（4）对不透水的单方向建筑尺度较长的水工建筑物（如防波堤、导流堤等），其与潮流或水流主流向切线垂直方向投影长度大于 2 km 时，评价等级应不低于二级。

（5）允许在一类海域建设的项目，评价等级为一级。

（6）同时存在多个水文要素影响的建设项目，分别判定各水文要素影响评价等级，并取其中最高等级作为水文要素影响型建设项目评价等级。

5.2.4 评价范围确定

按照建设项目类型，即水污染影响型和水文要素影响型，分别划定评价范围。

5.2.4.1 水污染影响型建设项目评价范围

水污染影响型建设项目评价范围根据评价等级、工程特点、影响方式及程度、地表水环境质量管理要求等确定。

（1）评价等级为一级、二级及三级 A 的评价范围应符合以下要求：

① 根据主要污染物迁移转化状况，至少需覆盖建设项目污染影响所及水域。

② 受纳水体为河流时，应满足覆盖对照断面、控制断面与消减断面等关心断面要求。

③ 受纳水体为湖泊、水库时，一级评价范围宜不小于以入湖（库）排放口为中心、半径为 5 km 的扇形区域；二级评价范围宜不小于以入湖（库）排放口为中心、半径为 3 km 的扇形区域；三级 A 评价范围不小于以入湖（库）排放口为中心、半径为 1 km 的扇形区域。

④ 受纳水体为入海河口和近岸海域时，评价范围按照现行《海洋工程环境影响评价技术导则》GB/T 19485 执行。

⑤ 影响范围涉及水环境保护目标的，评价范围至少应扩大到水环境保护目标受到影响的水域。

⑥ 同一建设项目有两个及以上废水排放口，或排入不同地表水体时，按各排放口及所排入地表水体分别确定评价范围；有叠加影响的，叠加影响水域应是重点评价范围。

（2）评价等级为三级 B 的评价范围应符合以下要求：

① 应满足其依托污水处理设施环境可行性分析的要求。

② 涉及地表水环境风险的，应覆盖环境风险影响范围所及的水环境保护目标水域。

5.2.4.2 水文要素影响型建设项目评价范围

水文要素影响型建设项目评价范围，根据评价等级、水文要素影响类别、影响及恢复程度确定，评价范围应符合以下要求：

（1）水温要素影响评价范围为建设项目形成水温分层水域，以及下游未恢复到天然（或建设项目建设前）水温的水域。

（2）径流要素影响评价范围为水体天然性状发生变化的水域，及下游增减水影响水域。

（3）地表水域影响评价范围为相对建设项目建设前日均或潮均流速及水深、或高（累积频率5%）低（累积频率90%）水位（潮位）变化幅度超过5%的水域。

（4）建设项目影响范围涉及水环境保护目标的，评价范围至少应扩大到水环境保护目标内受影响的水域。

（5）存在多类水文要素影响的建设项目，应分别确定各水文要素影响评价范围，取各水文要素评价范围的外包线作为水文要素的评价范围。

5.2.5 评价时期

建设项目地表水环境影响评价等级为一级、二级、三级A时，评价时期根据受影响地表水体类型、评价等级等确定；三级B评价，可不考虑评价时期。

表 5-2-4 评价时期确定表

受影响地表水体类型	评价等级		
	一级	二级	水污染影响型（三级A）水文要素影响型（三级）
河流、湖库	丰水期、平水期、枯水期；至少丰水期和枯水期	丰水期和枯水期；至少枯水期	至少枯水期
入海河口（感潮河段）	河流：丰水期、平水期和枯水期；河口：春季、夏季和秋季；至少丰水期和枯水期，春季和秋季	河流：丰水期和枯水期；河口：春、秋2个季节；至少枯水期或1个季节	至少枯水期或1个季节
近岸海域	春季、夏季和秋季；至少春、秋2个季节	春季或秋季；至少1个季节	至少1次调查

（1）感潮河段、入海河口、近岸海域在丰、枯水期（或春夏秋冬四季）均应选择大潮期或小潮期中一个潮期开展评价。

（2）冰封期较长且作为生活饮用水与食品加工用水的水源或有渔业用水需求的水域，应将冰封期纳入评价时期。

（3）具有季节性排水特点的建设项目，根据建设项目排水期对应的水期或季节确定评价时期。

（4）水文要素影响型建设项目对评价范围内的水生生物生长、繁殖与洄游有明显影响的时期，需将对应的时期作为评价时期。

（5）复合影响型建设项目分别确定评价时期，按照覆盖所有评价时期的原则综合确定。

5.3 污染源强分析及环境影响识别

区域和流域等开发活动，都有可能对地表水环境的水量、水质、水生生物和底部沉积物产生不同性质和不同程度的影响。

5.3.1 工业建设项目

工业建设项目涉及众多行业，其环境污染复杂多样，需要按施工期、运行期进行识别，有些项目还需要进行服务期满（或退役期）阶段的识别。

1. 建设期影响

建设项目在建设期（施工阶段）的影响有：
① 施工队伍大批进入现场，排放的生活污水和垃圾的污染。
② 施工机械运作、清洗、漏油等排放的含油和悬浮物废水。
③ 基坑开挖和降低地下水位等操作排放含泥砂废水。
④ 施工场地清理和开辟施工机械通行道路常大片破坏地面植被，造成裸土。在降雨、特别是暴雨时，造成土壤侵蚀，使地表水中泥砂含量陡增，严重时造成河道阻塞。如果地表受过污染，则污染物随雨水进入河道。

2. 运行期影响

任何工业建设项目都有其特殊性，所以，必须针对具体项目开展深入细致的工程分析才能全面而有重点地识别出具体影响。
① 石油炼制工业。
炼油厂用水量和废水排放量都很大，一个炼油厂有四种主要操作：分离、转化、精制和调和，废水主要来自：
● 含油废水主要来自油罐区和操作区的雨水、油罐排水、冷却水排污、冲洗和清洗水及原油脱盐等场所和工序；
● 苯酚、苯和有机酸等有机物以及硫化铵、金属盐、无机盐等无机物，主要来自汽提、原油裂解、洗涤、油的化学处理、原油脱盐、催化裂解等工艺过程；
● 高温水（非污染水）来自锅炉排污、冷却水排放等。
② 制浆和造纸业。
纸浆生产和造纸过程排放的废水是重要水污染源。制浆厂包括草类或木材原料处理、碱法或酸法蒸煮过程、打浆洗涤、增浓、漂白和碱回收等工序。造纸厂包括浆料

处理、造纸机运转、转性和润饰等工序。

排放的废水分为制浆废水和造纸废水两类。制浆过程排放的废水中含有高浓度的木质素、糖类和半纤维素等有机污染物；在漂白过程中漂白剂与有机物产生多种多样具有致癌性的氯代有机物；造纸过程中产生大量含微细纤维素（悬浮物）的废水（白水）。

③ 铝和有色金属生产。

制铝工业是以铝矾土为原料采用电解还原法生产金属铝。与钢铁工业比较，制铝业排放的废水量较少，主要是含铝酸钠或氟化钙的废碱液；其他为锅炉排污、冷却塔排污等废水。

铜的生产用铜矿石作原料。铜矿石被破碎后湿磨成为细矿浆再加入浮选剂，浮渣层用去炼钢，沉渣送去尾矿场，层矿中的浮选剂（或浸取剂）如管理不善，会对水体造成污染。炼铜和铜精炼过程排放少量工艺废水含低浓度铜、砷、锑、铅等重金属。

④ 化学工业。

化学工业包含的门类很多，排放的废水中含各种有机和无机污染物，有些属于危险性污染物。

无机化工产品制造业，如硫酸、盐酸、硝酸、烧碱、纯碱（苏打）、氯气、磷肥、铬酸盐、碳铵等，废水中含酸、碱类物质和合成过程的产物和副产物。

有机化工与石油化工有密切关系，生产过程中除使用有机原料外还需各种无机原料（如三酸二碱）。废水来源主要有：产品和副产品洗涤；冷却塔和锅炉排污、蒸汽凝结水等；溢漏、容器清洗、地面冲洗；雨水和场地冲洗水。有机化工工业废水的水质很复杂，许多浓度低、危害性大，必须在工程分析中通过仔细调查弄清楚，必要时需进行专题监测。

⑤ 食品工业。

将农产品加工成消费者能食用的食品，要经过一系列过程，例如精制、防腐、产品改性、储存和拖运、包装或罐制造。食品工业中大宗生产的是肉类和肉制品、鱼类加工；奶及奶制品；谷类碾磨、输运和食品制造；水果和蔬菜加工以及罐头制造等。

食品工业排放大量含可降解有机物的废水，废水中还含较高浓度的悬浮物，可溶性固体和油脂以及各种有机和无机添加剂。在有机物中含氮有机物浓度较高；氨氮和磷等营养物浓度也较高。

5.3.2 水利工程

水利工程主要是开辟航道、疏浚、堤坝加固、水库建设与水电工程等。

① 开辟航道工程主要影响是清除航道中树木和淤积物妨碍航行和改变水流流态，产生易受侵蚀的底质和不稳定河床；船舶通航使水变浑，减少光线透入深度，改变水生生物的结构，使耐污性生物量增加，水生生物生产力降低，船舶通航还造

成水体污染。

② 灌溉工程是用人工控制方法把水施于农作物，促其生长。这类工程的影响是从河流和湖泊中取走大量的水，使得河流流量减小，另外灌溉回流水对河流可能造成污染。

③ 小型水库的影响面较广，会影响栖息地的物种多样性，蓄水引起底层溶解氧缺乏，季节性温度分层、沉积和潜在性富营养化等水质变化。

④ 大型水库和水电工程建设对水库内和上下游的水质和水量及生态影响包括：

a. 水库内水质发生季节性变化；

b. 均匀地减少下游进入河口的流量，可能引起盐水入侵；

c. 降低下游河段自净能力；

d. 蒸发量加大，减少下游河水流量；

e. 妨碍回游性鱼类的生长、繁殖；

f. 促进库内水草和浮水植物的生长；

g. 可能减少输入下游土地的营养物量。

5.3.3 农业和畜牧业开发

其主要影响是由土地利用方式的改变或土地过度利用造成的，包括：

① 农业过量施用化肥和农药、污水灌溉等造成对地表水体的非点源污染。

② 禽畜饲养业开发产生大量粪便废水污染地表水体。

③ 过度的放牧引起草地退化、土壤侵蚀，以及造成水质恶化和荒漠化等。

5.3.4 矿业开发

矿业属于自然资源开采和粗加工，对水生生态和水质、水量均有影响。

① 水力开采作业（如淘金）改变河床结构，尾矿的排放造成淤积和水土流失，使水质恶化，也使水生生境剧烈改变，导致水生生物种群量下降乃至灭绝。

② 尾矿堆积和河流污染造成土壤污染、侵蚀并使农作物、牲畜受害。

5.3.5 城市污水处理厂和垃圾填埋场

① 污水处理厂。

污水处理厂的影响主要集中在施工期和运行期。其中，施工期的影响主要是改变地貌、河流和天然渠道的流向侵蚀、河渠的淤积或冲刷。而运行期的影响主要是污水处理后的排水可能提高河道的 BOD_5、悬浮物和磷、氮浓度。如污水厂没有除磷、脱氮措施，则处理后的排水排入湖、库会引起富营养化。

② 垃圾填埋场。

垃圾填埋场的污染影响主要为：暴雨径流夹带填埋场表面的大量污染物可能溢入水体造成污染；填埋场的渗滤液通过侧向渗入河道；如果地下水与地表水有补给关系，则受渗滤液污染的地下水可能进一步污染地表水。

5.4 地表水环境现状调查与评价

5.4.1 现状调查范围

环境现状的调查范围，应能包括建设项目对周围地表水环境影响较显著的区域。在此区域内进行的调查，能全面说明与地表水环境相联系的环境基本状况，并能充分满足环境影响预测的要求。地表水环境的现状调查范围应覆盖评价范围，应以平面图方式表示，并明确起、止断面的位置及涉及范围。

1. 水污染影响型

对于水污染影响型建设项目，除覆盖评价范围外，受纳水体为河流时，在不受回水影响的河流段，排放口上游调查范围宜不小于 500 m，受回水影响河段的上游调查范围原则上与下游调查的河段长度相等。河流受到水库大坝的阻挡引起河水回流，从而产生回水，其中回水的最末端到大坝的距离就是水库回水长度。

受纳水体为湖库时，以排放口为圆心，调查半径在评价范围基础上外延 20%～50%。当建设项目排放污染物中包括氮、磷或有毒污染物且受纳水体为湖泊、水库时，一级评价的调查范围应包括整个湖泊、水库，二级、三级 A 评价时，调查范围应包括排放口所在水环境功能区、水功能区或湖（库）湾区。

2. 水文要素影响型

对于水文要素影响型建设项目，受影响水体为河流、湖库时，除覆盖评价范围外，一级、二级评价时，还应包括库区及支流回水影响区、坝下至下一个梯级或河口、受水区、退水影响区。

5.4.2 环境现状的调查时期与调查方法

各类水域调查时期与评价时期一致。
调查方法主要采用资料收集、现场监测、无人机或卫星遥感遥测等方法。

5.4.3 现状调查内容

地表水环境现状调查内容包括建设项目及区域水污染源调查、受纳或受影响水体水环境质量现状调查、区域水资源与开发利用状况、水文情势与相关水文特征值调查，以及水环境保护目标、水环境功能区或水功能区、近岸海域环境功能区及其相关的水环境质量管理要求等调查。涉及涉水工程的，还应调查涉水工程运行规则和调度情况。

5.4.3.1 区域水污染现状调查

建设项目污染源调查应在工程分析基础上，确定水污染物的排放量及进入受纳水体的污染负荷量，具体调查内容与评价等级相关，如表 5-4-1 所示。

表 5-4-1 区域水污染现状调查内容

	一级	二级	三级 A	三级 B
区域污染源调查	与建设项目排放污染物同类的、或有关联关系的已建项目、在建项目、拟建项目（已批复环境影响评价文件）等污染源			主要调查依托污水处理设施情况
	可以利用已建项目的排污许可证登记数据；环评及环保验收数据及既有实测数据		主要收集利用与建设项目排放口的空间位置和所排污染物的性质关系密切的污染源资料	
内源污染调查	项目会导致受纳水体内源污染变化，或存在与建设项目排放污染物同类的且内源污染影响受纳水体时需要调查，必要时补充底泥监测		不需要	不需要
现场监测	现场调查及现场监测	必要时补充现场监测	不需要	不需要
替代方案	如有，需要调查	如有，需要调查	如有，需要调查	如有，需要调查

区域水污染源调查分点源、面源，以及内源污染调查。

区域水污染源点源调查内容包括区域现有污染源的名称、位置、排放形式、排放主要污染物及其浓度、排放量等。区域点源调查具体内容根据评价等级及评价工作需要选择。

面源污染源主要有农村生活污染源、农田污染源、分散式畜禽养殖污染源、城镇地面径流污染源、堆积物污染源、大气沉降源等分类，采用源强系数法、面源模型法等方法，估算面源源强、流失量与入河量等。面污染源调查主要采用收集利用既有数据资料的调查方法，可不进行实测。

内源污染主要指进入湖泊中的营养物质通过各种物理、化学和生物作用,逐渐沉降至湖泊底质表层,积累在底泥表层的氮、磷营养物质,一方面可被微生物直接摄入,进入食物链,参与水生生态系统的循环;另一方面,可在一定的物理化学及环境条件下,从底泥中释放出来而重新进入水中,从而形成湖内污染负荷。一般底泥物理指标包括力学性质、质地、含水率、粒径等;化学指标包括水域超标因子、与建设项目排放污染物相关的因子。

5.4.3.2 水文情势调查

水文情势调查内容见表 5-4-2。

表 5-4-2 水文情势调查内容表

水体类型	水污染影响型	水文要素影响型
河流	水文年及水期划分、不利水文条件及特征水文参数、水动力学参数等	水文系列及其特征参数;水文年及水期的划分;河流物理形态参数;河流水沙参数、丰枯水期水流及水位变化特征等
湖库		湖库物理形态参数;水库调节性能与运行调度方式;水文年及水期划分;不利水文条件特征及水文参数;出入湖(库)水量过程;湖流动力学参数;水温分层结构等
入海河口(感潮河段)		潮汐特征、感潮河段的范围、潮区界与潮流界的划分;潮位及潮流;不利水文条件组合及特征水文参数;水流分层特征等
近岸海域		水温、盐度、泥沙、潮位、流向、流速、水深等,潮汐性质及类型,潮流、余流性质及类型,海岸线、海床、滩涂、海岸蚀淤变化趋势等

水文情势调查应尽量收集临近水文站既有水文年鉴资料和其他相关的有效水文观测资料。当上述资料不足时,应进行现场水文调查与水文测量,水文调查与水文测量宜与水质调查同步。

水文调查与水文测量宜在枯水期进行。必要时,可根据水环境影响预测需要以及生态环境保护要求,在其他时期(丰水期、平水期、冰封期等)进行。水文测量的内容应满足拟采用的水环境影响预测模型对水文参数的要求。

5.4.3.3 水资源开发利用状况调查

1. 水资源现状

水资源现状调查内容包括调查水资源总量、水资源可利用量、水资源时空分布特征、人类活动对水资源量的影响等。主要涉水工程概况调查,包括数量、等级、位置、规模,主要开发任务、开发方式、运行调度及其对水文情势、水环境的影响。应涵盖大型、中型、小型等各类涉水工程，绘制涉水工程分布示意图。

2. 水资源利用状况

水资源利用状况主要调查城市、工业、农业、渔业、水产养殖业、水域景观等各类用水现状与规划（包括用水时间、取水地点、取用水量等），各类用水的供需关系（包括水权等）、水质要求和渔业、水产养殖业等所需的水面面积。

5.4.4 水质现状监测

5.4.4.1 河流、湖泊（水库）监测断面设置

① 水质监测断面布设。

现状监测点一般设置在评价范围之内。常规河流水质监测，需设置对照断面、控制断面、消减断面，其中对照断面应在拟建排放口上游 500 m 以内布设。开展地表水环境影响评价时，评价河流水质时优先选用常规水质监测数据，需要补充监测时，重点针对对照断面、控制断面、地表水环境保护目标处设置监测点位。

具体监测断面的布设应该避开死水区、回水区、排污口处，尽量设置在顺直河段上，选择河床稳定、水流平稳、水面宽阔、无急流或浅滩且方便采样处。应考虑采样活动的可行性和方便性，尽量利用现有的桥梁和其他人工构筑物。

② 取样垂线的确定。

江河、渠道、湖泊、水库的采样垂线的布设要求参考现行《地表水环境质量监测技术规范》（HJ9 1.2），特别是在该断面要计算污染物通量时，应按下表设置垂线、采样点，如表 5-4-3、表 5-4-4、表 5-4-5 所示。

表 5-4-3　江河、渠道采样垂线数量设置

水面宽度（b）	垂线数
$b \leq 50$ m	一条（中泓线）
50 m $< b \leq 100$ m	两条（左、右岸有明显水流处）
$b > 100$ m	三条（左、中、右）

注：① 垂线布设应避开污染带，监测污染带应另加垂线。
　　② 确能证明断面水质均匀时，可仅在中泓线设置垂线。

表 5-4-4　江河、渠道采样垂线上采样点的设置

水深（h）	采样点数
$h \leq 5$ m	取一个点位，水面下 0.5 m 处；当水深不足 0.5 m 时，在 1/2 水深处
5 m $< h \leq 10$ m	取两个点位，分别在水面下 0.5 m 处、河底以上 0.5 m 处
$h > 10$ m	取三个点位，分别在水面下 0.5 m 处、1/2 水深处、河底以上 0.5 m 处

表 5-4-5　湖泊、水库监测垂线采样点设置

水深（h）	采样点数
$h \leq 5$ m	取一个点位，水面下 0.5 m 处；当水深不足 0.5 m 时，在 1/2 水深处
5 m $< h \leq 10$ m	取两个点位，分别在水面下 0.5 m 处、河底以上 0.5 m 处
$h > 10$ m	取三个点位，分别在水面下 0.5 m 处、1/2 水深处、河底以上 0.5 m 处

注：① 根据监测目的，如需要确定变温层（温度垂直分布梯度≥0.2 ℃/m 的区间），可从水面向下每隔 0.5 m 测定并记录水温、溶解氧和 pH 值，计算水温垂直分布梯度。
② 湖泊、水库有温度分层现象时，可在变温层增加采样点。
③ 有充分数据证实垂线上水质均匀时，可酌情减少采样点。
④ 受客观条件所限，无法实现底层采样的深水湖泊、水库，可酌情减少采样点。

③ 采样频次。

河流每个水期可监测一次，每次同步连续调查取样 3～4 d，每个水质取样点每天至少取一组水样，在水质变化较大时，每间隔一定时间取样一次。水温观测频次，应每间隔 6 h 观测一次水温，统计计算日平均水温。

湖泊（水库）每个水期可监测一次，每次同步连续取样 2～4 d，每个水质取样点每天至少取一组水样，但在水质变化较大时，每间隔一定时间取样一次。溶解氧和水温监测频次，每间隔 6 h 取样监测一次，在调查取样期内适当监测藻类。

5.4.4.2　入海河口、近岸海域监测点位设置与采样频次

① 水质取样断面和取样垂线的设置。

一级评价可布设 5～7 个取样断面；二级评价可布设 3～5 个取样断面。

② 水质取样点的布设。

根据垂向水质分布特点，参照现行《海洋调查规范》（GB/T 12763）和《近岸海域环境监测技术规范》（HJ 442）执行。排放口位于感潮河段内的，其上游设置的水质取样断面，应根据实际情况参照河流决定，其下游断面的布设与近岸海域相同。

③ 采样频次。

原则上一个水期在一个潮周期内采集水样，明确所采样品所处潮时，必要时对潮周日内的高潮和低潮采样。当上、下层水质变幅较大时，应分层取样。入海河口上游水质取样频次参照感潮河段相关要求执行，下游水质取样频次参照近岸海域相关要求执行。对于近岸海域，一个水期宜在半个太阴月内的大潮期或小潮期分别采样，明确所采样品所处潮时；对所有选取的水质监测因子，在同一潮次取样。

5.4.5　现状评价内容

评价水质现状主要采用文字分析与描述，并辅之以数学表达式。

5.4.5.1 文字分析与描述

地表水环境现状评价，可以根据区域水环境和项目情况选择以下全部或部分内容进行评价。

① 水环境功能区或水功能区、近岸海域环境功能区水质达标状况。评价建设项目评价范围内水环境功能区或水功能区、近岸海域环境功能区各评价时期的水质状况与变化特征，给出水环境功能区或水功能区、近岸海域环境功能区达标评价结论，明确水环境功能区或水功能区、近岸海域环境功能区水质超标因子、超标程度，分析超标原因。

② 水环境控制单元或断面水质达标状况。评价建设项目所在控制单元或断面各评价时期的水质现状与时空变化特征，评价控制单元或断面的水质达标状况，明确控制单元或断面的水质超标因子、超标程度，分析超标原因。

③ 水环境保护目标质量状况。评价涉及水环境保护目标水域各评价时期的水质状况与变化特征，明确水质超标因子、超标程度，分析超标原因。

④ 对照断面、控制断面等代表性断面的水质状况。评价对照断面水质状况，分析对照断面水质水量变化特征，给出水环境影响预测的设计水文条件；评价控制断面水质现状、达标状况，分析控制断面来水水质水量状况，识别上游来水不利组合状况，分析不利条件下的水质达标问题。评价其他监测断面的水质状况，根据断面所在水域的水环境保护目标水质要求，评价水质达标状况与超标因子。

⑤ 底泥污染评价。评价底泥污染项目及污染程度，识别超标因子，结合底泥处置排放去向，评价退水水质与超标情况。

⑥ 水资源与开发利用程度及其水文情势评价。根据建设项目水文要素影响特点，评价所在流域（区域）水资源与开发利用程度、生态流量满足程度、水域岸线空间占用状况等。

⑦ 水环境质量回顾评价。结合历史监测数据与国家及地方生态环境保护主管部门公开发布的环境状况信息，评价建设项目所在水环境控制单元或断面、水环境功能区或水功能区、近岸海域环境功能区的水质变化趋势，评价主要超标因子变化状况，分析建设项目所在区域或水域的水质问题，从水污染、水文要素等方面，综合分析水环境质量现状问题的原因，明确与建设项目排污影响的关系。

⑧ 流域（区域）水资源（包括水能资源）与开发利用总体状况、生态流量管理要求与现状满足程度、建设项目占用水域空间的水流状况与河湖演变状况。

⑨ 依托污水处理设施稳定达标排放评价。评价建设项目依托的污水处理设施稳定达标状况，分析建设项目依托污水处理设施环境可行性。

5.4.5.2 水质参数评价

数学表达式分两种：一种用于单项水质参数评价，另一种用于多项水质参数综合评价。单项水质参数评价简单明了，可以直接了解该水质参数现状与标准的关系，一般均可采用。多项水质参数综合评价只在调查的水质参数较多时方可应用，只能了解多个水质参数的综合现状与相应标准的综合情况之间的某种相对关系。

地表水环境质量标准和有关法规及当地的环保要求是评价的基本依据。地表水环境质量标准应采用GB3838或相应的地方标准，海湾水质标准应采用GB3097，有些水质参数国内尚无标准，可参照国外或建议临时标准，所采用的国外标准应按规定程序报有关部门批准。评价区内不同功能的水域应采用不同类别的水质标准。

1. 一般性水质因子

一般性水质因子是指随着浓度增加而水质变差的水质因子，其水质指数计算公式为单因子指数法。

水质参数 i 在第 j 点的标准指数：

$$S_{i,j} = C_{i,j} / C_{s,i}$$

式中　$S_{i,j}$——评价因子 i 的水质指数，大于1表明该水质因子超标；

　　　$C_{i,j}$——评价因子 i 在 j 点的实测统计代表值，mg/L；

　　　$C_{s,i}$——评价因子 i 的水质评价标准限值，mg/L。

2. DO的标准指数

$$S_{DO,j} = \frac{|DO_f - DO_j|}{DO_f - DO_s}, DO_j \geqslant DO_s$$

$$S_{DO,j} = 10 - 9\frac{DO_j}{DO_s}, DO_j < DO_s$$

式中　$S_{DO,j}$——溶解氧的标准指数，大于1表明该水质因子超标；

　　　DO_j——溶解氧在 j 点的实测统计代表值，mg/L；

　　　DO_s——溶解氧的水质评价标准限值，mg/L；

　　　DO_f——饱和溶解氧浓度，mg/L：

对于河流，$DO_f = 468/(T+31.6)$；对于盐度比较高的湖泊、水库及入海河口、近岸海域，$DO_f = (491-2.65S)/(33.5+T)$；（其中 S—实用盐度符号，量纲为1；T—水温，℃）

3. pH的标准指数为

$$S_{pH,j} = \frac{7.0 - pH_j}{7.0 - pH_{sd}}, pH_j \leqslant 7.0$$

$$S_{pH,j} = \frac{pH_j - 7.0}{pH_{su} - 7.0}, pH_j > 7.0$$

式中　$S_{pH,j}$——pH值的指数，大于1表明该水质因子超标；

　　　pH_j——pH值实测统计代表值；

　　　pH_{sd}——评价标准中pH值的下限值；

　　　pH_{su}——评价标准中pH值的上限值。

5.5 地表水环境影响预测

一级、二级、水污染影响型三级A与水文要素影响型三级评价应定量预测建设项目水环境影响，水污染影响型三级B评价可不进行水环境影响预测，但要对污染产生、污染排放等情况进行简单分析。

开展地表水环境影响预测时应考虑评价范围内已建、在建和拟建项目中，与建设项目排放同类（种）污染物、对相同水文要素产生的叠加影响。建设项目分期规划实施的，应估算规划水平年进入评价范围的污染负荷，预测分析规划水平年评价范围内地表水环境质量变化趋势。

5.5.1 预测因子和预测范围

地表水环境影响预测因子应根据评价因子确定，重点选择与建设项目水环境影响关系密切的因子。

地表水环境影响预测范围应覆盖评价范围，并根据受影响地表水体水文要素与水质特点合理拓展。预测范围与地表水环境现状调查的范围相同或略小（特殊情况也可以略大）。

在预测范围内应布设适当的预测点，通过预测这些点所受的环境影响来全面反映建设项目对该范围内地表水环境的影响。预测点的数量和预测点的布设应根据受纳水体和建设项目的特点、评价等级以及当地的环保要求确定。虽然在预测范围以外，但估计有可能受到影响的重要用水地点，也应设立预测点。

环境现状监测点应作为预测点。水文特征突然变化和水质突然变化处的上、下游，重要水工建筑物附近，水文站附近等应布设预测点。当需要预测河流混合过程段的水质时，应在该段河流中布设若干预测点。

当拟预测溶解氧时，应预测最大亏氧点的位置及该点的浓度，但是分段预测的河段不需要预测最大亏氧点。

排放口附近常有局部超标区，如有必要可在适当水域加密预测点，以便确定超标区的范围。

5.5.2 预测时期

地表水环境影响预测的时期应满足不同评价等级的评价时期要求。

地表水污染影响型建设项目，水体自净能力最不利以及水质状况相对较差的不利时期、水环境现状补充监测时期应作为重点预测时期；水文要素影响型建设项目，以水质状况相对较差或对评价范围内水生生物影响最大的不利时期为重点预测时期。

5.5.3 预测情景

根据建设项目特点分别选择建设期、生产运行期和服务期满（或退役期）三个阶段，对建设项目污染排放、污染控制和减缓措施进行水环境影响预测。

生产运行期应预测正常排放、非正常排放两种工况对水环境的影响，如建设项目具有充足的调节容量，可只预测正常排放对水环境的影响。

对受纳水体环境质量不达标区域，应考虑区（流）域环境质量改善目标要求情景下的模拟预测。

5.5.4 预测内容

预测分析内容根据影响类型、预测因子、预测情景、预测范围地表水体类别、所选用的预测模型及评价要求确定。

5.5.4.1 水污染影响型建设项目

水污染影响型建设项目预测内容主要包括：

① 各关心断面（控制断面、取水口、污染源排放核算断面等）水质预测因子的浓度及变化。

② 到达水环境保护目标处的污染物浓度。

③ 各污染物最大影响范围。

④ 湖泊、水库及半封闭海湾等，还需关注富营养化状况与水华、赤潮等。

⑤ 排放口混合区范围。

5.5.4.2 水文要素影响型建设项目

水文要素影响型建设项目预测内容主要包括：

① 河流、湖泊及水库的水文情势预测分析，主要包括水域形态、径流条件、水力条件以及冲淤变化等内容，具体包括水面面积、水量、水温、径流过程、水位、水深、流速、水面宽、冲淤变化等，湖泊和水库需要重点关注湖库水域面积或蓄水量及水力停留时间等因子。

② 感潮河段、入海河口及近岸海域水动力条件预测分析，主要包括流量、流向、潮区界、潮流界、纳潮量、水位、流速、水面宽、水深、冲淤变化等因子。

5.5.5 预测模型

常用的地表水环境影响预测模型包括数学模型、物理模型，一般情况下宜选用数学模型，并且应优先选用国家生态环境保护主管部门发布的推荐模型。评价等级为一级且有特殊要求时选用物理模型，物理模型应遵循水工模型实验技术规程等要求。

数学模型包括：面源污染负荷估算模型、水动力模型、水质（包括水温及富营养化）模型等，可根据地表水环境影响预测的需要选择。

（1）面源污染负荷估算模型：根据污染源类型分别选择适用的污染源负荷估算或模拟方法，预测污染源排放量与入河量。面源污染负荷预测可根据评价要求与数据条件，采用源强系数法、水文分析法以及面源模型法等，有条件的地方可以综合采用多种方法进行比对分析确定。

（2）水动力模型及水质模型：按照时间分为稳态模型与非稳态模型，按照空间分为零维、一维（包括纵向一维及垂向一维，纵向一维包括河网模型）、二维（包括平面二维及立面二维）以及三维模型，按照是否需要采用数值离散方法分为解析解模型与数值解模型。水动力模型及水质模型的选取根据建设项目的污染源特性、受纳水体类型、水力学特征、水环境特点及评价等级等要求，选取适宜的预测模型，如表5-5-1、表5-5-2所示。

表 5-5-1　河流数学模型适用条件

模型分类	模型空间分类						模型时间分类	
	零维模型	纵向一维模型	河网模型	平面二维	立面二维	三维模型	稳态	非稳态
适用条件	水域基本均匀混合	沿程横断面均匀混合	多条河道相互连通，使得水流运动和污染物交换相互影响的河网地区	垂向均匀混合	垂向分层特征明显	垂向及平面分布差异明显	水流恒定、排污稳定	水流不恒定，或排污不稳定

表 5-5-2　湖库数学模型适用条件

模型分类	模型空间分类						模型时间分类	
	零维模型	纵向一维模型	平面二维	垂向一维	立面二维	三维模型	稳态	非稳态
适用条件	水流交换作用较充分、污染物质分布基本均匀	污染物在断面上均匀混合的河道型水库	浅水湖库，垂向分层不明显	深水湖库，水平分布差异不明显，存在垂向分层	深水湖库，横向分布差异不明显，存在垂向分层	垂向及平面分布差异明显	流场恒定、源强稳定	流场不恒定或源强不稳定

1. 混合过程段长度估算

开展水环境影响预测时，按照污水排放入河前后污染物的变化情况，将河段分为充分混合段、混合过程段和上游河段。上游河段是排放口上游的河段。

充分混合段是指污染物浓度在断面上均匀分布的河段。当断面上任意一点的浓度与断面平均浓度之差小于平均浓度的5%时，可以认为达到均匀分布。

混合过程段是指排放口下游达到充分混合以前的河段，如图5-4-1所示。

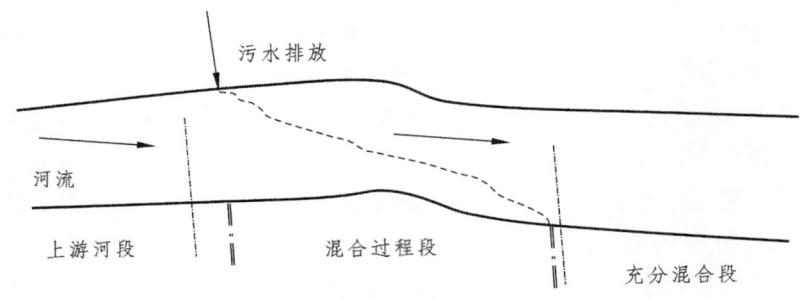

图 5-4-1 混合过程段

混合过程段的长度可由下式估算：

$$L_m = 0.11 + 0.7\left[0.5 - \frac{a}{B} - 0.11\left(0.5 - \frac{a}{B}\right)^2\right]^{1/2}\frac{uB^2}{E_y}$$

式中 L_m——混合段长度，m；

B——水面宽度，m；

a——排放口到岸边的距离，m；

u——断面流速，m/s；

E_y——污染物横向扩散系数，m²/s。

混合过程段水质可以超过地表水环境相关标准，因此，在排放口所在水域形成的混合过程段内，应限制在达标控制（考核）断面以外的水域，不能存在饮用水源保护区等敏感保护目标，且不得与已有排放口形成的混合区叠加。

混合过程段外的水域应满足水环境功能区或水功能区的水质目标要求。

2. 河流均匀混合模型

河流零维模型又称为完全混合模型。废水排入河流后未发生生物、化学作用而与河水完全混合，则混合后的浓度为：

$$c = (c_p Q_p + c_h Q_h)/(Q_p + Q_h)$$

式中 C——完全混合后的污染物浓度，mg/L；

C_p——建设项目排放入河前的污水中的某污染物的浓度，mg/L；

Q_p——建设项目排放入河前的污水流量，m³/s；

C_h——排污口上游河水中的某污染物的浓度，mg/L；

Q_h——排污口上游河水的流量，m³/s。

对于废水中含有的持久性污染物，即使废水与河水完全混合的时间很长，但因为没有化学、生物反应，也可应用零维模型计算。另外，对于非持久性污染物，在估算废水和河水完全混合时的初始浓度时，可以忽略混合时发生的降解作用，也可以用零维模型。

例题 1：

河边拟建一工厂，排放含氯化物废水，流量为 2.83 m³/s，含盐量（以 Cl^- 计）900 mg/L。该河流平均流速 0.46 m/s，平均河宽 13.7 m，平均水深 0.61 m，上游来水含氯化物 100 mg/L，该厂废水如排入河中能与河水迅速混合。河流执行Ⅲ类水质标准，问河水氯化物是否超标？

解：

$$C_h = 100 \text{ mg/L}, \quad Q_h = 0.46 \times 13.7 \times 0.61 = 3.84 \text{ m}^3/\text{s}$$

$$C_P = 900 \text{ mg/L}, \quad Q_P = 2.83 \text{ m}^3/\text{s}$$

故 $C = \dfrac{900 \times 2.83 + 100 \times 3.84}{2.83 + 3.84} = 439$ mg/L。

查现行《地表水环境质量标准》（GB 3838），Ⅲ类水质氯化物的标准值为 250 mg/L，单项水参数的标准指数：$P = \dfrac{439}{250} = 1.76$。则该厂废水如排入河中，河水氯化物将超标。

3. 纵向一维数学模型（连续稳定排放）

根据河流纵向一维水质模型方程的简化、分类判别条件（即：O'Connor 数 α 和贝克来数 Pe 的临界值），选择相应的解析解公式。

当 $\alpha \leq 0.027$、$Pe \geq 1$ 时，适用对流降解模型：（其中，$\alpha = \dfrac{KE_x}{u^2}$，$P_e = \dfrac{uB}{E_x}$）

$$C = C_0 \exp(-k_1 t) = C_0 \exp\left(-k_1 \dfrac{x}{86400u}\right), \quad x \geq 0$$

式中　α——O'Connor 数，量纲为 1，表征物质离散降解通量与移流通量比值；

Pe——贝克来数，量纲为 1，表征物质移流通量与离散通量比值；

C_0——河流排放口初始断面混合浓度，mg/L；

K_1——污染物综合衰减系数，1/d；

X——河流沿程坐标，m，$x=0$ 指排放口处，$x \geq 0$ 指排放口下游段，$x \leq 0$ 指排放口上游段；

u——河流流速，m/s。

例题 2：

某改扩建工程拟向河流排放废水，废水流量为 0.15 m³/s，所含苯酚浓度为 30 mg/L。河流流量为 5.5 m³/s，流速为 0.3 m/s，苯酚的现状浓度为 0.5 mg/L。苯酚的衰减系数 K_1 为 0.2d⁻¹，假设废水排放后于起始处立即与河水完全混合，求排放口下游 10 km 处苯酚浓度。

解：

起始处完全混合后的初始浓度 C_0：

$$C_0 = \dfrac{5.5 \times 0.5 + 0.15 \times 30}{5.5 + 0.15} = 1.28 \text{ mg/L}$$

则排放口下游 10 km 处苯酚浓度 C：

$$C = 1.28 \times \exp\left(-0.2 \times \frac{10 \times 10^3}{0.3 \times 86400}\right) = 1.19 \text{ mg/L}$$

4. 其他

污染物在断面上均匀混合的感潮河段、入海河口，可采用纵向一维非恒定数学模型，感潮河网区宜采用一维河网数学模型。浅水感潮河段和入海河口宜采用平面二维非恒定数学模型。如感潮河段、入海河口的下边界难以确定，宜采用一、二维连接数学模型。

近岸海域宜采用平面二维非恒定模型。如果评价海域的水流和水质分布在垂向上存在较大的差异（如排放口附近水域），宜采用三维数学模型。

5.5.6 预测点位

开展地表水环境影响评价时，应将常规监测点、补充监测点、水环境保护目标、水质水量突变处及控制断面等作为预测重点。当需要预测排放口所在水域形成的混合区范围时，应适当加密预测点位。

其中，水质水量突变处是指水文特征突然变化处（如支流汇入处等）、水质急剧变化处（如污水排入处等）、重点水工构筑物（如取水口、桥梁涵洞）等附近、水文站附近等。

5.6 环境保护措施与环境监测计划

环境影响评价的主要工作之一，是在建设项目污染控制治理措施与废水排放满足排放标准与环境管理要求的基础上，针对建设项目实施可能造成地表水环境不利影响的阶段、范围和程度，提出预防、治理、控制、补偿等环保措施或替代方案等内容，并制定监测计划。

具体来讲，地表水环境保护措施的主要内容是进行水污染控制和水环境影响减缓措施有效性评价，以及依托污水处理设施的环境可行性评价。

5.6.1 环境保护措施

水环境保护对策措施应包括水环境保护措施的内容、规模及工艺、相应投资、实施计划，所采取措施的预期效果、达标可行性、经济技术可行性以及可靠性分析等内容。

1. 水污染影响型建设项目

对建设项目可能产生的水污染物，需通过优化生产工艺和强化水资源的循环利用，提出减少污水产生量与排放量的环保措施,并对污水处理方案进行技术经济及环保论证比选,明确污水处理设施的位置、规模、处理工艺、主要构筑物或设备、处理效率;采取的污水处理方案要实现达标排放,满足总量控制指标要求,并对排放口设置及排放方式进行环保论证。

达标区建设项目选择废水处理措施或多方案比选时,应综合考虑成本和治理效果,选择可行技术方案。

不达标区建设项目选择废水处理措施或多方案比选时,应优先考虑治理效果,结合区(流)域水环境质量改善目标、替代源的削减方案实施情况,确保废水污染物达到最低排放强度和排放浓度。

评价等级为三级 B 的项目,或者其他有依托设施的建设项目,需要进行依托污水处理设施的环境可行性评价。评价内容主要从污水处理设施的日处理能力、处理工艺、设计进水水质、处理后的废水稳定达标排放情况及排放标准是否涵盖建设项目排放的有毒有害的特征水污染物等方面开展评价,分析满足环境可行性要求的可能性。

对于污染物的排放量,如预测的水质因子满足地表水环境质量管理及安全余量要求,污染源排放量即为水污染控制措施有效性评价确定的排污量。如不满足地表水环境质量管理及安全余量要求,则需根据水质目标核算污染源排放量。

2. 水文要素影响型建设项目

对水文要素影响型建设项目,应提出减缓水文情势影响、保障生态需水的环保措施,考虑保护水域生境及水生态系统的水文条件,提出优化运行调度方案或下泄流量及过程,并明确相应的泄放保障措施与监控方案。

对于生态流量的确定,河流应根据水生生态需水、水环境需水、湿地需水、景观需水、河口压咸需水和其他需水等计算成果,考虑各项需水的外包关系和叠加关系,综合分析需水目标要求,确定生态流量。湖库应根据湖库生态环境需水确定最低生态水位及不同时段内的水位。应根据国家或地方政府批复的综合规划、水资源规划、水环境保护规划等成果中相关的生态流量控制等要求,综合分析生态流量成果的合理性。

对于建设项目引起的水温变化可能对农业、渔业生产或鱼类繁殖与生长等产生不利影响的,应提出水温影响减缓措施。对产生低温水影响的建设项目,对其取水与泄水建筑物的工程方案提出环保优化建议,可采取分层取水设施、合理利用水库洪水调度运行方式等。对产生温排水影响的建设项目,可采取优化冷却方式减少排放量,可通过余热利用措施降低热污染强度,合理选择温排水口的布置和型式,控制高温区范围等。

5.6.2 监测计划

按建设项目建设期、生产运行期、服务期满(或退役期)等不同阶段,针对不同工况、不同地表水环境影响的特点,根据相应的污染源源强核算技术指南和自行监测技术指南,提出水污染源、地表水环境质量的监测计划,包括监测断面或点位位置(经纬度)、监测因子、监测频次、监测数据采集与处理、分析方法等。明确自行监测计划内容,提出应向社会公开的信息内容。

监测因子需与评价因子相协调。地表水环境质量监测断面或点位设置需与水环境现状监测、水环境影响预测的断面或点位相协调,并应强化其代表性、合理性。

建设项目排放口应根据污染物排放特点、相关规定设置监测系统,排放口附近有重要水环境功能区或水功能区及特殊用水需求时,应对排放口下游控制断面进行定期监测。

对下泄流量有泄放要求的建设项目,在闸坝下游应设置生态流量监测系统。

5.7 地表水环境影响评价结论

根据水污染控制和水环境影响减缓措施有效性评价、地表水环境影响评价结论,明确给出地表水环境影响是否可接受的结论。

达标区的建设项目环境影响评价,在同时满足水污染控制和水环境影响减缓措施有效性评价、水环境影响评价的情况下,认为地表水环境影响可以接受,否则认为地表水环境影响不可接受。

不达标区的建设项目环境影响评价,在考虑区(流)域环境质量改善目标要求、削减替代源的基础上,同时满足水污染控制和水环境影响减缓措施有效性评价、水环境影响评价的情况下,认为地表水环境影响可以接受,否则认为地表水环境影响不可接受。

思考题

1. 简述水体的概念。
2. 根据《地表水环境质量标准》,我国地表水域的水质类别划分成哪几类?每种类别的水域的环境功能是什么?
3. 简述地表水环境影响评价等级划分及评价范围确定的依据。
4. 简述地表水环境现状调查的主要内容。
5. 简述地表水环境影响预测的要点。

6 地下水环境影响评价

地下水是一种宝贵的天然资源，据估算，全世界的地下水总量多达 1.5 亿 km³，几乎占地球总水量的十分之一。然而由于人类的不合理的开发活动，许多城市市区的地下水受到了严重污染。为保护地下水资源，我国规定凡以地下水作为供水水源或对地下水环境可能产生明显影响的建设项目，均应开展地下水环境影响评价工作。

开展地下水环境影响评价的基本任务是预测和评价建设项目实施过程各阶段对地下水环境可能造成的直接影响和间接危害，并针对这种影响和危害提出防治对策，控制地下水环境恶化，保护地下水环境，为建设项目选址决策、工程设计和环境管理提供科学依据。评价重点包括：

（1）项目对地下水水质的影响。
（2）评价建设项目对地下水环境保护目标的影响。
（3）分析项目各实施阶段（建设期、运营期及服务期满）的污染防控措施。

6.1 概　述

6.1.1 基本概念

1. 地下水

地下水是指存在于地表以下岩土的孔隙、裂隙和洞穴中的水。狭义的地下水是指地面以下饱和含水层中的重力水。不同埋藏条件下的地下水如图 6-1-1 所示。

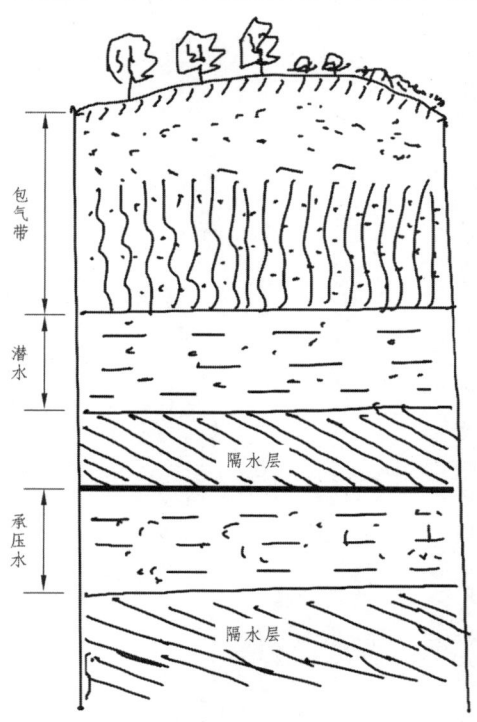

图 6-1-1　不同埋藏条件的地下水

2. 地下水环境保护目标

地下水环境保护目标包括潜水含水层和可能受建设项目影响且具有饮用水开发利用价值的含水层，集中式饮用水水源和分散式饮用水水源地，以及《建设项目环境影响评价分类管理名录》中所界定的涉及地下水的环境敏感区。

3. 包气带、饱水带

地表以下含水的岩土可分为两个带，上部为包气带（或称为非饱和带），下部为饱水带（或称为饱和带）。

包气带是指地面与地下水面之间与大气相通的、含有气体的地带。在包气带中，岩土的空隙中除水以外，还包含空气。

饱水带是指地下水面以下岩层的空隙全被水充满的地带。含水层都位于饱水带中。饱水带的水能从地下汲出为人类所利用，是一种宝贵的天然资源，常见的有泉水和井水。

4. 潜水、承压水、包气带水

潜水是指地表以下，第一个稳定隔水层以上具有自由水面的地下水，它主要的补给来源是降水和地表水的渗入。

承压水是指充满于上下两个隔水层之间的地下水，其承受压力大于大气压力，当钻孔打穿上覆隔水层时，水能从钻孔内上升到一定的高度。

包气带水是指潜水面以上包气带中所存在的水，其存在形式有吸湿水、薄膜水、毛细管水、气态水和暂时的渗入重力水。

5. 地下水污染、地下水污染对照值

地下水污染是指人为或自然原因导致地下水化学、物理、生物性质改变使地下水水质恶化的现象。

地下水污染对照值是指调查评价区内有历史记录的地下水水质指标统计值，或评价区内受人类活动影响程度较小的地下水水质指标统计值。

6. 环境水文地质条件

环境水文地质条件是地下水埋藏和分布、含水介质和含水构造等条件的总称，主要包括含（隔）水层结构及分布特征、地下水补径排条件、地下水流场、地下水动态变化特征、各含水层之间以及地表水与地下水之间的水力联系等。

7. 地下水环境现状值

地下水环境现状值是指建设项目实施前的地下水环境质量监测值。

8. 集中式饮用水水源

集中式饮用水水源是指进入输水管网送到用户的且具有一定供水规模（供水人口

一般不小于 1000 人）的现用、备用和规划的地下水饮用水水源。

9. 分散式饮用水水源地

分散式饮用水水源地是指供水小于一定规模（供水人口一般小于 1000 人）的地下水饮用水水源地。

6.1.2 地下水的赋存形式及性质

根据不同的分类方式，地下水有不同的赋存形式。

（1）根据来源，地下水可分为由大气降水和地表水渗入地下而形成的渗入水、由大气中的水汽进入岩土空隙冷凝而成的凝结水、在沉积岩沉积过程中生成的埋藏水、由岩浆在冷凝过程中析出的水汽凝结而成的初生水和某些矿物（如石膏、芒硝等）所含的结晶水在高温、高压下脱出而生成的脱出水。

（2）根据受引力作用的条件不同，可分为结合水、毛细管水和重力水。结合水又分吸湿水（吸着水）和薄膜水。

（3）根据埋藏条件的不同，可分为包气带水、潜水和承压水。

（4）根据含水空隙的类型，可分为孔隙水、裂隙水和岩溶水（喀斯特水），与介质有关。孔隙水是指存在于岩石孔隙中的地下水，如松散的砂层、砾石层和砂岩中的地下水。裂隙水是存在于坚硬岩石的风化裂隙、构造裂隙、成岩裂隙中的水及某些新土裂隙中的水。岩溶水是指存在于可溶性岩石（石灰岩、白云岩等）的溶孔、溶洞和溶蚀裂隙中的地下水。

地下水的运动一般按流线形态分为层流与紊流。当水在岩土空隙中渗流时，水的质点有秩序地、互不混杂地流动，称为层流运动。绝大多数天然地下水的运动都居层流运动。水的质点无秩序地、互相混杂的流动，称为紊流运动。在宽大的空隙（大的溶洞、宽大裂隙和卵砾石的大空隙）中，如果水的流速较高，则易呈紊流运动。

按运动要素（水位、流速等）是否随时间变化，地下水运动分为稳定流和非稳定流。当运动要素不随时间变化时，地下水的运动称为稳定流，否则为非稳定流。天然地下水流多数为非稳定流。

6.1.3 地下水污染

地下水污染主要是指人类活动引起地下水化学成分、物理性质和生物学特性发生改变而使质量下降的现象。由于矿体、矿化地层及其他自然因素引起地下水某些组分富集或贫化的现象，称为"矿化"或"异常"，一般不属于"地下水污染"范畴。地下水污染方式可分为直接污染和间接污染两种。

直接污染的特点是污染物直接进入含水层，在污染过程中，污染物的性质不变，这是对地下水污染的主要方式。

间接污染的特点是地下水污染并非是由于污染物直接进入含水层引起的，而是由于污染物作用于其他物质，使这些物质中的某些成分进入地下水造成的。例如，由于污染引起的地下水硬度的增加、溶解氧的减少等。间接污染过程复杂，污染原因易被掩盖，要查清污染来源和途径较为困难。

地下水污染途径是多种多样的，大致可归为四类：

① 间歇入渗型。大气降水或其他灌溉水使污染物随水通过非饱水带，周期地渗入含水层，主要是污染潜水。淋滤固体废物堆引起的污染即属于此类。

② 连续入渗型。污染物随水不断地渗入含水层，主要也是污染潜水。废水聚集地段（如废水渠、废水池、废水渗井等）和受污染的地表水体连续渗漏造成地下水污染即属此类。

③ 越流型。污染物通过越流的方式从已受污染的含水层（或天然咸水层）转移到未受污染的含水层（或天然淡水层）。污染物或者是通过整个层间，或者是通过地层间的天窗，或者是通过破损的井管，污染潜水和承压水。如地下水的开采改变了越流方向，使已受污染的潜水进入未受污染的承压水。

④ 径流型。污染物通过地下径流进入含水层，污染潜水或承压水。如污染物通过地下岩溶孔道进入含水层即为径流型污染。

地表以下地层复杂，地下水流动极其缓慢，故地下水污染具有过程缓慢、不易发现和难以治理的特点。地下水一旦受到污染，即使彻底消除其污染源，也得十几年、甚至几十年才能使水质复原。而若要进行人工地下含水层的更新，问题就更复杂。

6.1.4 地下水相关标准

1.《环境影响评价技术导则 地下水环境》（HJ610）

地下水环评导则于2011年首次发布，2016年进行了修订。该标准规定了地下水环境影响评价的一般性原则、内容、工作程序、方法和要求，适用于可能对地下水环境产生影响的建设项目的环境影响评价。

2.《地下水质量标准》（GB/T 14848）

地下水质量是指地下水的物理、化学和生物性质的总称。《地下水质量标准》首次于1993年发布，之后在2017年进行了修订。根据我国地下水水质状况、人体健康风险，参照生活饮用水、工业用水、农业用水水质的最高要求，依据各组分含量高低，将地下水质量划分为五类，见表6-1-1。

其他有关的环境质量标准还有《生活饮用水水源水质标准》（CJ 3020）、《生活饮用水卫生标准》（GB5749）等。地下水质量常规指标及限值（摘选）如表6-1-2所示

表 6-1-1　地下水质量分类及用途

类别	功能
Ⅰ类	地下水化学组分含量低，适用于各种用途
Ⅱ类	地下水化学组分含量较低，适用于各种用途
Ⅲ类	地下水化学组分含量中等，以 GB 5749—2006 为依据，主要适用于集中式生活饮用水水源及工、农业用水
Ⅳ类	地下水化学组分含量较高，以农业和工业用水以及一定水平的人体健康风险为依据，除适用于农业和部分工业用水外，经适当处理后可做生活饮用水
Ⅴ类	地下水化学组分含量高，不宜作为生活饮用水水源，其他用水可根据使用目的选用

表 6-1-2　地下水质量常规指标及限值（摘选）

序号	指标	Ⅰ类	Ⅱ类	Ⅲ类	Ⅳ类	Ⅴ类
感官形状及一般化学指标						
1	色（铂钴色度单位）	≤5	≤5	≤15	≤25	>25
2	嗅和味	无	无	无	无	有
3	浑浊度（度）/NTU	≤3	≤3	≤3	≤10	>10
4	肉眼可见物	无	无	无	无	有
5	pH	\multicolumn{3}{c}{$6.5 \leq pH \leq 8.5$}	$5.5 \leq pH \leq 6.5$ $8.5 \leq pH \leq 9.0$	<5.5, >9
6	总硬度（以 C_zCO_3，计）（mg/L）	≤150	≤300	≤450	≤650	>650
7	溶解性总固体（mg/L）	≤300	≤500	≤1000	≤2000	>2000
…..	…	…	…	…	…	…
微生物指标						
21	总大肠菌群（MPN/100 mL，或 CFU/100 mL）	≤3.0	≤3.0	≤3.0	≤100	>100
22	细菌总数（CFU/mL）	≤100	≤100	≤100	≤1000	>1000
毒理学指标						
…..	…	…	…	…	…	…
放射性指标						
38	总 σ 放射性（Bq/L）	≤0.1	≤0.1	≤0.5	>0.5	>0.5
39	总 β 放射性（Bq/L）	≤0.1	≤1.0	≤1.0	>1.0	>1.0

根据地下水质量标准，地下水质量单指标评价按指标值所在的限值范围确立地下水质量类别，指标限值相同时从优不从劣。

6.2 地下水环境影响评价基本要求

6.2.1 工作程序

地下水环境影响评价工作可划分为准备、现状调查与工程分析、预测评价和报告编写四个阶段，各阶段主要工作内容如下所述。

1. 准备阶段

搜集和研究有关资料、法规文件；了解建设项目工程概况；进行初步工程分析；开展现场踏勘，调查环境敏感目标；初步分析建设项目对地下水环境的影响，确定评价工作等级、评价范围和评价重点，并在此基础上编制地下水环境影响评价工作方案。

2. 现状调查与工程分析阶段

开展地下水环境现场调查，评价区域水文地质条件及场地水文地质条件，调查评价范围现有地下水污染源，开展地下水监测，确定取样点、分析方法、开展室内外试验和室内资料分析等，评价地下水现状。

3. 预测评价阶段

按照评价等级要求，分别采用数值法、解析法、类比预测分析等方法开展地下水环境影响预测；依据国家、地方有关地下水环境管理的法规及标准，评价建设项目对地下水环境的直接影响。

4. 报告编写阶段

综合分析各阶段成果，提出地下水环境保护措施与防控措施，制定地下水环境影响跟踪监测计划，完成地下水环境影响评价。

6.2.2 地下水环境影响评价工作分级

6.2.2.1 识别地下水环境影响评价项目类别

首先根据现行《环境影响评价技术导则 地下水环境》（HJ 610）中《地下水环境影响评价行业分类表》，识别建设项目所属的地下水环境影响评价项目类别。地下水环境影响评价行业分类表（摘录）如表 6-2-1 所示。

表 6-2-1 地下水环境影响评价行业分类表（摘录）

行业类别	报告书	报告表	项目环评类别 报告书	报告表
A、水利				
1. 水库	库容 1000 万立方米及以上；涉及环境敏感区的	其他	Ⅲ类	Ⅳ类
2. 灌区工程	新建 5 万亩及以上；改造 30 万亩及以上	其他	再生水灌溉工程为Ⅲ类，其余Ⅳ类	Ⅳ类
3. 引水工程	跨流域调水；大中型河流引水；小型河流年总引水量占天然年径流量 1/4 及以上；涉及环境敏感区	其他	Ⅲ类	Ⅳ类
4. 防洪治涝工程	新建大中型	其他	Ⅲ类	Ⅳ类
…	…	…	…	…
B 农、林、牧、渔、海洋				
7. 农业垦殖	5000 亩及以上；涉及环境敏感区的	其他	Ⅳ类	Ⅳ类
8. 农田改造项目	—	涉及环境敏感区的		Ⅳ类
9. 农产品基地项目	—	涉及环境敏感区的		Ⅳ类
…	…	…	…	…

根据建设项目对地下水环境影响的程度，结合《建设项目环境影响评价分类管理名录》，将建设项目分为四类，其中，Ⅰ类、Ⅱ类、Ⅲ类建设项目的地下水环境影响评价应执行地下水环评导则要求进行评价，Ⅳ类建设项目不开展地下水环境影响评价。

再者，将建设项目的地下水环境敏感程度分为敏感、较敏感、不敏感三级，详见表 6-2-2。

表 6-2-2 地下水环境敏感程度分级表

敏感程度	地下水环境敏感特征
敏感	集中式饮用水水源（包括已建成的在用、备用、应急水源，在建和规划的饮用水水源）准保护区；除集中式饮用水水源以外的国家或地方政府设定的与地下水环境相关的其他保护区，如热水、矿泉水、温泉等特殊地下水资源保护区。
较敏感	集中式饮用水水源（包括已建成的在用、备用、应急水源，在建和规划的饮用水水源）准保护区以外的补给径流区；未划定准保护区的集中水式饮用水水源，其保护区以外的补给径流区；分散式饮用水水源地；特殊地下水资源（如矿泉水、温泉等）保护区以外的分布区等其他未列入上述敏感分级的环境敏感区。
不敏感	上述地区之外的其他地区。

注："环境敏感区"指《建设项目环境影响评价分类管理名录》中界定的涉及地下水环境敏感区。

6.2.2.2 建设项目评价工作等级

建设项目地下水环境影响评价工作等级划分见表 6-2-3。

表 6-2-3　工作等级划分

环境敏感程度	项目类别		
	Ⅰ类项目	Ⅱ类项目	Ⅲ类项目
敏感	一	一	二
较敏感	一	二	三
不敏感	二	三	三

对于利用废弃盐岩矿井洞穴或人工专制盐岩洞穴、废弃矿井巷道加水幕系统、人工硬岩洞库加水幕系统、地质条件较好的含水层储油、枯竭的油气层储油等形式的地下储油库，危险废物填埋场应进行一级评价，不按表 6-2-3 划分评价工作等级。

当同一建设项目涉及两个或两个以上场地时，各场地应分别判定评价工作等级，并按相应等级开展评价工作。

线性工程根据所涉地下水环境敏感程度和主要站场位置，如输油站、泵站、加油站（Ⅱ类）、机务段（Ⅲ类）、服务站等进行分段判定评价等级，并按相应等级分别开展评价工作。

6.2.3　调查与评价范围

地下水环境评价范围应包括与建设项目相关的地下水环境保护目标，以能说明地下水环境的现状，反映调查评价区地下水基本流场特征，满足地下水环境影响预测和评价为基本原则。

建设项目（除线性工程外）地下水环境影响现状调查评价范围可采用公式计算法、查表法和自定义法确定。

当建设项目所在地水文地质条件相对简单，且所掌握的资料能够满足公式计算法的要求时，应采用公式计算法确定。

1. 公式计算法

$$L = \alpha \times K \times I \times T / n_e$$

式中　L——下游迁移距离，m；

　　　α——变化系数，$\alpha \geq 1$，一般取 2；

　　　K——渗透系数，m/d，常见渗透系数表见 HJ 610-2016 附录 B；

　　　I——水力坡度，无量纲；

　　　T——质点迁移天数，取值不小于 5000 d；

　　　n_e——有效孔隙度，无量纲。

采用该方法时应包含重要的地下水环境保护目标，所得的调查评价范围如图 6-2-1 所示。

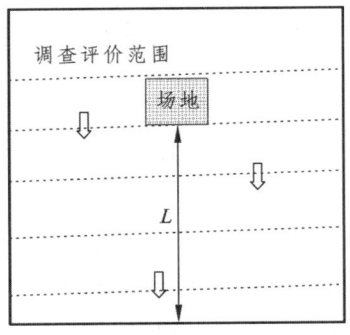

图 6-2-1　地下水环境调查评价范围

图中：
（1）虚线表示等水位线。
（2）空心箭头表示地下水流向。
（3）场地上游距离根据评价需求确定，场地两侧不小于 L/2。

当计算范围超出所处水文地质单元边界时，应以所处水文地质单元边界为宜。

水文地质单元是指具有含水层、隔水层、补给区、排泄区等要素构成的完整而独立的水文地质结构。水文地质边界可以按照岩石水文地质性质和水文地质边界的表现形式进行分类。

按照岩石水文地质性质可以分为透水边界和隔水边界两类。按水文地质边界的表现形式可分为地形边界、地质边界、水文边界、人工边界四类。

2. 查表法

当不满足公式计算法的要求时，可采用查表法确定。地下水环境现状调查范围参照表 6-2-4。

表 6-2-4　地下水环境现状调查评价范围参照表

评价等级	调查评价面积（km^2）	备注
一级	≥20	应包括重要的地下水环境保护目标，必要时适当扩大范围。
二级	6-20	
三级	≤6	

当查表范围超出所处水文地质单元边界时，应以所处水文地质单元边界为宜。

3. 自定义法

可根据建设项目所在地水文地质条件自行确定，需说明理由。

线性工程站场的调查评价范围确定参照上述三种方法，而线性工程应以工程边界两侧向外延伸 200 m 作为调查评价范围；穿越饮用水源准保护区时，调查评价范围应至少包含水源保护区。

6.2.4 地下水环境影响评价技术要求

地下水环境影响评价应充分利用已有资料和数据，当已有资料和数据不能满足评价要求时，应开展相应评价等级要求的补充调查，必要时进行勘察试验。

1. 一级评价要求

详细掌握调查评价区环境水文地质条件，详细掌握调查评价区内地下水开发利用现状与规划。开展地下水环境现状监测，详细掌握调查评价区地下水环境质量现状和地下水动态监测信息，进行地下水环境现状评价，评价区的环境水文地质资料的调查精度应不低于 1:50 000 比例尺。

基本查清场地环境水文地质条件，有针对性地开展现场勘察试验，确定场地包气带特征及其防污性能，场地环境水文地质资料的调查精度应不低于 1:10 000 比例尺。

采用数值法进行地下水环境影响预测，对于不宜概化为等效多孔介质的地区，可根据自身特点选择适宜的预测方法。

预测评价应结合相应环保措施，针对可能的污染情景，预测污染物运移趋势，评价建设项目对地下水环境保护目标的影响。

根据预测评价结果和场地包气带特征及其防污性能，提出切实可行的地下水环境保护措施与地下水环境影响跟踪监测计划，制定应急预案。

2. 二级评价要求

基本掌握调查评价区的环境水文地质条件，调查精度要求能够清晰反映建设项目与环境敏感区、地下水环境保护目标的位置关系，并根据建设项目特点和水文地质条件复杂程度确定调查精度，建议一般以不低于 1：50 000 比例尺为宜。调查内容主要包括含（隔）水层结构及其分布特征、地下水补径排条件、地下水流场等。了解调查评价区地下水开发利用现状与规划。

开展地下水环境现状监测，基本掌握调查评价区地下水环境质量现状，进行地下水环境现状评价。

根据场地环境水文地质条件的掌握情况，有针对性地补充必要的现场勘察试验。

根据建设项目特征、水文地质条件及资料掌握情况，选择采用数值法或解析法进行影响预测，预测污染物运移趋势和对地下水环境保护目标的影响。

提出切实可行的环境保护措施与地下水环境影响跟踪监测计划。

3. 三级评价要求

（1）了解调查评价区和场地环境水文地质条件。
（2）基本掌握调查评价区的地下水补径排条件和地下水环境质量现状。
（3）采用解析法或类比分析法进行地下水影响分析与评价。
（4）提出切实可行的环境保护措施与地下水环境影响跟踪监测计划。

6.3 污染源强分析及环境影响识别

6.3.1 基本要求

建设项目对地下水环境影响识别分析应在建设项目初步工程分析的基础上进行，根据建设项目施工、生产运行和服务期满三个阶段的工程特征，分别识别其正常与非正常两种状况下的环境影响。对于随着生产运行时间推移对地下水环境影响有可能加剧的建设项目，还应按生产运行初期、中期和后期分别进行环境影响识别。

6.3.2 典型建设项目地下水环境影响

开展地下水环境影响识别时，重点内容在于识别项目建设对地下水水质的影响，在可能的情况下可以分析地下水水位变化及环境水文地质问题。

可能引起地下水环境影响的建设行为有废水渗漏、污水灌溉、固体废物的堆放，以及渠道、隧道等施工开挖，还有跨流域调水、露天或地下采矿等工程行为。

1. 工业类项目

① 废水的渗漏对地下水水质的影响。
② 固体废物对土壤、地下水水质的影响。
③ 废水渗漏引起地下水水位、水量变化而产生的环境水文地质问题。
④ 地下水供水水源地产生的区域水位下降而产生的环境水文地质问题。

2. 固体废物填埋场工程

① 固体废物对土壤的影响。
② 固体废物渗滤液对地下水水质的影响。

3. 污水土地处理工程

① 污水土地处理对地下水水质的影响。
② 污水土地处理对地下水水位的影响。
③ 污水土地处理对土壤的影响。

4. 地下水集中供水水源地开发建设及调水工程

① 水源地开发（或调水）对区域（或调水工程沿线）地下水水位、水质、水资源量的影响。
② 水源地开发（或调水）引起地下水水位变化而产生的环境水文地质问题。
③ 水源地开发（或调水）对地下水水质的影响。

5. 水利水电工程

① 水库和坝基渗漏对上、下游地区地下水水位、水质的影响。
② 渠道工程和大型跨流域调水工程，在施工和运行期间对地下水水位、水质、水资源量的影响。
③ 水利水电工程可能引起的土地沙漠化、盐渍化、沼泽化等环境水文地质问题。

6. 地下水库建设工程

① 地下水库的补给水源对地下水水位、水质、水资源量的影响。
② 地下水库的水位和水质变化对其他相邻含水层水位、水质的影响。
③ 地下水库的水位变化对建筑物地基的影响。
④ 地下水库的水位变化可能引起的土壤盐渍化、沼泽化和岩溶塌陷等环境水文地质问题。

7. 矿山开发工程

① 露天采矿人工降低地下水水位工程对地下水水位、水质、水资源量的影响。
② 地下采矿对地下水水位、水质、水资源量的影响。
③ 矿石、矿渣、废石堆放场对土壤、渗滤液对地下水水质的影响。
④ 尾矿库坝下淋渗、渗漏对地下水水质的影响。
⑤ 矿坑水对地下水水位、水质的影响。
⑥ 矿山开发工程可能引起的水资源衰竭、岩溶塌陷、地面沉降等环境水文地质问题。

8. 石油（天然气）开发与储运工程

① 油田基地采油、炼油排放的生产、生活废水对地下水水质的影响。
② 石油（天然气）勘探、采油和运输储存（管线输送）过程中的跑、冒、滴、漏油对土壤、地下水水质的影响。
③ 采油井、注水井以及废弃油井、气井套管腐蚀损坏和固井质量问题对地下水水质的影响。
④ 石油（天然气）田开发大量开采地下水引起的区域地下水位下降而产生的环境水文地质问题。
⑤ 地下储油库工程对地下水水位、水质的影响。

9. 农业类项目

① 农田灌溉、农业开发对地下水水位、水质的影响。
② 污水灌溉和施用农药、化肥对地下水水质的影响。
③ 农业灌溉可能引起的次生沼泽化、盐渍化等环境水文地质问题。

10. 线性工程类项目

① 线性工程对其穿越的地下水环境敏感区水位或水质的影响。
② 隧道、洞室等施工及后续排水引起的地下水位下降而产生的环境问题。
③ 站场、服务区等排放的污水对地下水水质的影响。

6.4 地下水环境现状调查与评价

6.4.1 调查与评价原则

（1）地下水环境现状调查与评价工作应遵循资料搜集与现场调查相结合、项目所在场地调查（勘察）与类比考察相结合、现状监测与长期动态资料分析相结合的原则。

（2）地下水环境现状调查与评价工作的深度应满足相应的工作级别要求。当现有资料不能满足要求时，应通过组织现场监测或环境水文地质勘察与试验等方法获取。

（3）对于一、二级评价的改、扩建类建设项目，应开展现有工业场地的包气带污染现状调查。

（4）对于长输油品、化学品管线等线性工程，调查评价工作应重点针对场站、服务站等可能对地下水产生污染的地区开展。

6.4.2 调查内容与要求

6.4.2.1 水文地质条件调查

水文地质条件的调查工作，应该在充分收集资料的基础上，根据建设项目特点和水文地质条件复杂程度展开，主要内容包括：

① 气象、水文、土壤和植被状况。
② 地层岩性、地质构造、地貌特征与矿产资源。
③ 包气带岩性、结构、厚度、分布及垂向渗透系数等。
④ 含水层岩性、分布、结构、厚度、埋藏条件、渗透性、富水程度等；隔水层（弱透水层）的岩性、厚度、渗透性等。
⑤ 地下水类型、地下水补径排条件。
⑥ 地下水水位、水质、水温、地下水化学类型。

⑦ 泉的成因类型，出露位置、形成条件及泉水流量、水质、水温，开发利用情况。

⑧ 集中供水水源地和水源井的分布情况（包括开采层的成井密度、水井结构、深度以及开采历史）。

⑨ 地下水现状监测井的深度、结构以及成井历史、使用功能。

⑩ 地下水环境现状值（或地下水污染对照值）。

场地范围内应重点调查包气带岩性、结构、厚度、分布及垂向渗透系数等。

6.4.2.2　地下水污染源调查

调查评价区内具有与建设项目产生或排放同种特征因子的地下水污染源。

对于一、二级的改、扩建项目，应在可能造成地下水污染的主要装置或设施附近开展包气带污染现状调查，对包气带进行分层取样，一般在 0~20 cm 埋深范围内取一个样品，其他取样深度应根据污染源特征和包气带岩性、结构特征等确定，并说明理由。样品进行浸溶试验，测试分析浸溶液成分。

6.4.2.3　地下水环境现状监测

建设项目地下水环境现状监测应通过对地下水水质、水位的监测，掌握或了解评价区地下水水质现状及地下水流场，为地下水环境现状评价提供基础资料。

1. 地下水环境现状监测点采用控制性布点与功能性布点相结合的布设原则

监测点应主要布设在建设项目场地、周围环境敏感点、地下水污染源以及对于确定边界条件有控制意义的地点。当现有监测点不能满足监测位置和监测深度要求时，应布设新的地下水现状监测井，现状监测井的布设应兼顾地下水环境影响跟踪监测计划。

监测层位应包括潜水含水层、可能受建设项目影响且具有饮用水开发利用价值的含水层。

一般来讲，地下水水位监测点数宜大于相应评价级别地下水水质监测点数的 2 倍。管道型岩溶区等水文地质条件复杂的地区，地下水现状监测点应视情况确定，并说明布设理由。

在包气带厚度超过 100 m 的评价区或监测井较难布置的基岩山区，地下水质监测点数无法满足要求时，可视情况调整数量，并说明调整理由。一般情况下，该类地区一、二级评价项目至少设置 3 个监测点，三级评价项目根据需要设置一定数量的监测点。

地下水水质监测点布设的具体要求：

（1）监测点布设应尽可能靠近建设项目场地或主体工程，监测点数应根据评价等级和水文地质条件确定。

（2）一级评价项目潜水含水层的水质监测点应不少于 7 个，可能受建设项目影响且具有饮用水开发利用价值的含水层3~5个。原则上建设项目场地上游和两侧的地下水水质监测点均不得少于1个，建设项目场地及其下游影响区的地下水水质监测点不得少于3个。

（3）二级评价项目潜水含水层的水质监测点应不少于5个，可能受建设项目影响且具有饮用水开发利用价值的含水层2~4个。原则上建设项目场地上游和两侧的地下水水质监测点均不得少于1个，建设项目场地及其下游影响区的地下水水质监测点不得少于2个。

（4）三级评价项目潜水含水层水质监测点应不少于3个，可能受建设项目影响且具有饮用水开发利用价值的含水层1~2个。原则上建设项目场地上游及下游影响区的地下水水质监测点各不得少于1个。

2. 地下水水质现状监测取样要求

地下水水质取样应根据特征因子在地下水中的迁移特性选取适当的取样方法。一般情况下，只取一个水质样品，取样点深度宜在地下水位以下1.0 m左右。

建设项目为改、扩建项目，且特征因子为DNAPLs（重质非水相液体）时，应至少在含水层底部取一个样品。

3. 地下水水质现状监测因子

地下水水质现状监测因子原则上应包括两类：一类是基本水质因子，另一类为特征因子。

（1）基本水质因子以pH、氨氮、硝酸盐、亚硝酸盐、挥发性酚类、氰化物、砷、汞、铬（六价）、总硬度、铅、氟、镉、铁、锰、溶解性总固体、高锰酸盐指数、硫酸盐、氯化物、总大肠菌群、细菌总数等及背景值超标的水质因子为基础，可根据区域地下水类型、污染源状况适当调整。

（2）特征因子根据工程分析的分析结果确定，可根据区域地下水化学类型、污染源状况适当调整。

4. 地下水环境现状监测频率要求

首先，水位监测频率要求与评价等级有关：

（1）评价等级为一级的建设项目，若掌握近3年内至少一个连续水文年的枯、平、丰水期地下水位动态监测资料，评价期内至少开展一期地下水水位监测；若无上述资料，依据表6-4-1开展水位监测。

（2）评价等级为二级的建设项目，若掌握近3年内至少一个连续水文年的枯、丰水期地下水位动态监测资料，评价期可不再开展现状地下水位监测；若无上述资料，依据表6-4-1开展水位监测。

（3）评价等级为三级的建设项目，若掌握近3年内至少一期的监测资料，评价期内可不再进行现状水位监测；若无上述资料，依据表6-4-1开展水位监测。

表 6-4-1　地下水环境现状监测频率参照表

	水位监测频率			水质监测频率		
	一级	二级	三级	一级	二级	三级
山前冲（洪）积	枯平丰	枯丰	一期	枯丰	枯	一期
滨海（含填海区）	二期①	一期	一期	一期	一期	一期
其他平原区	枯丰	一期	一期	枯	一期	一期
黄土地区	枯平丰	一期	一期	二期	一期	一期
沙漠地区	枯丰	一期	一期	一期	一期	一期
丘陵山区	枯丰	一期	一期	一期	一期	一期
岩溶裂隙	枯丰	一期	一期	枯丰	一期	一期
岩溶管道	二期	一期	一期	二期	一期	一期

注：①"二期"的间隔有明显水位变化，其变化幅度接近年内变幅。

其次，基本水质因子的水质监测频率应参照表 6-4-1，若掌握近 3 年至少一期水质监测数据，基本水质因子可在评价期补充开展一期现状监测；特征因子在评价期内需至少开展一期现状值监测。

另外，在包气带厚度超过 100 m 的评价区或监测井较难布置的基岩山区，若掌握近 3 年内至少一期的监测资料，评价期内可不进行现状水位、水质监测；若无上述资料，至少开展一期现状水位、水质监测。

5. 地下水样品采集与现场测定

地下水样品应采用自动式采样泵或人工活塞闭合式与敞口式定深采样器进行采集。样品采集前，应先测量井孔地下水水位（或地下水位埋深）并做好记录，然后采用潜水泵或离心泵对采样井（孔）进行全井孔清洗，抽汲的水量不得小于 3 倍的井筒水（量）体积。

6.4.2.4　环境水文地质勘察与试验

环境水文地质勘察与试验是在充分收集已有资料和地下水环境现状调查的基础上，针对需要进一步查明的地下水含水层特征和为获取预测评价中必要的水文地质参数而进行的工作。

除一级评价应进行必要的环境水文地质勘察与试验外，对环境水文地质条件复杂且资料缺少的地区，二级、三级评价也应在区域水文地质调查的基础上对场地进行必要的水文地质勘察。

环境水文地质勘察可采用钻探、物探和水土化学分析以及室内外测试、试验等手段开展，具体参见相关标准与规范。

环境水文地质试验项目通常有抽水试验、注水试验、渗水试验、浸溶试验及土柱淋滤试验等，在评价工作过程中可根据评价等级和资料掌握情况选用。

有关固体废弃物的采样、处理和分析方法，可参照执行关于固体废弃物的国家环境保护标准或技术文件。进行环境水文地质勘察时，除采用常规方法外，还可采用其他辅助方法配合勘察。

6.4.3 地下水环境现状评价

6.4.3.1 地下水水质现状评价

现行《地下水质量标准》（GB/T 14848）、《地表水环境质量标准》（GB 3838）及当地的环保要求，是开展地下水环境评价的基本依据。

对属于《地下水质量标准》（GB/T 14848）水质指标的评价因子，应按其规定的水质分类标准值进行评价，其余的可参照国家（行业、地方）相关标准（如 GB 3838、GB 5749、DZ/T 0290 等）进行评价。现状监测结果应进行统计分析，给出最大值、最小值、均值、标准差、检出率和超标率等。地下水环境质量现状评价结果表如表 6-4-2 所示。

表 6-4-2 地下水环境质量现状评价结果表

监测因子	监测点位			标准值	检出率	最大值	最小值	超标率	标准指数
	GW1	GW2	…						
PH									
氨氮									
硝酸盐									
亚硝酸盐									
挥发酚									
…									
…	…	…			…	…	…	…	…

地下水水质现状评价应采用标准指数法。标准指数>1，表明该水质因子已超标，标准指数越大，超标越严重。

对于评价标准为定值的水质因子，其标准指数计算公式：

$$P_i = C_i / C_{si}$$

式中 P_i——第 i 个水质因子的标准指数，无量纲；

C_i——第 i 个水质因子的监测浓度值，mg/L；

C_{si}——第 i 个水质因子的标准浓度值，mg/L。

对于评价标准为区间值的水质因子（如 pH 值、DO 等）的标准指数计算，参见地表水环境影响评价中现状评价的内容。

6.4.3.2 包气带环境现状分析

对于污染场地修复工程项目和评价工作等级为一、二级的改、扩建项目,应开展包气带污染现状调查,分析包气带污染状况。

6.5 地下水环境影响预测

6.5.1 预测要求

(1)地下水环境污染具有复杂性、隐蔽性和难恢复性的特点,因此,预测时应遵循保护优先、预防为主的原则,预测结果应能为评价各方案的环境安全和环境保护措施的合理性提供依据。

(2)预测的范围、时段、内容和方法均应根据评价工作等级、工程特征与环境特征,结合当地环境功能和环保要求确定,应预测建设项目对地下水水质产生的直接影响,重点预测对地下水环境保护目标的影响。

(3)在结合地下水污染防控措施的基础上,对工程设计方案或可行性研究报告推荐的选址(选线)方案可能引起的地下水环境影响进行预测。

6.5.2 预测范围

地下水环境影响预测范围一般与调查评价范围一致。

预测层位应以潜水含水层或污染物直接进入的含水层为主,兼顾与其水力联系密切且具有饮用水开发利用价值的含水层。

当建设项目场地天然包气带垂向渗透系数小于 1×10^{-6} cm/s 或厚度超过 100 m 时,预测范围应扩展至包气带。

6.5.3 预测时段

地下水环境影响预测时段应选取可能产生地下水污染的关键时段,至少包括污染发生后 100d、1000d,服务年限或能反映特征因子迁移规律的其他重要的时间节点。

6.5.4 情景设置

一般情况下,建设项目须对正常状况和非正常状况的情景分别进行预测。

已依据 GB 16889、GB 18597、GB 18598、GB 18599、GB/T 50934 设计地下水污染防渗措施的建设项目,可不进行正常状况情景下的预测。

6.5.5 预测因子

预测因子应包括：

（1）结合项目建设内容，识别主要的特征因子，按照重金属、持久性有机污染物和其他类别进行分类，并对每一类别中的各项因子采用标准指数法进行排序，分别取标准指数最大的因子作为预测因子。

（2）现有工程已经产生的且改、扩建后将继续产生的特征因子，改、扩建后新增加的特征因子。

（3）污染场地已查明的主要污染物。

（4）国家或地方要求控制的污染物。

6.5.6 预测方法

建设项目地下水环境影响预测方法包括数学模型法和类比分析法。其中，数学模型法包括数值法、解析法等方法。预测方法的选取应根据建设项目工程特征、水文地质条件及资料掌握程度来确定，当数值方法不适用时，可用解析法或其他方法预测。一般情况下，一级评价应采用数值法，不宜概化为等效多孔介质的地区除外，并在采用预测前，先进行参数识别和模型验证；二级评价中水文地质条件复杂且适宜采用数值法时，建议优先采用数值法；三级评价可采用解析法或类比分析法。

地下水环境影响预测过程中，对于采用非导则推荐模式进行预测评价时，须明确所采用模式适用条件，给出模型中的各参数物理意义及参数取值，并尽可能的采用导则中的相关模式进行验证。

6.5.7 预测内容

地下水环境影响预测应该预测在不同时间、空间特征因子的变化情况；给出特征因子不同时段的影响范围、程度，最大迁移距离；给出预测期内场地边界或地下水环境保护目标处特征因子随时间的变化规律。

当建设项目场地天然包气带垂向渗透系数小于 1×10^{-6} cm/s 或厚度超过 100 m 时，须考虑包气带阻滞作用，预测特征因子在包气带中迁移。

污染场地修复治理工程项目应给出污染物变化趋势或污染控制的范围。

6.6 地下水环境保护措施与对策

地下水环境保护措施与对策应按照"源头控制、分区防控、污染监控、应急响应"的原则，重点突出饮用水水质安全。

6.6.1 源头控制措施

地下水一旦被污染，治理将非常困难，因此，采取主动防护措施，控制污染产生非常重要。地下水污染源源头治理主要包括提出各类废物循环利用的具体方案，减少污染物的排放量；提出工艺、管道、设备、污水储存及处理构筑物应采取的污染控制措施，将污染物跑、冒、滴、漏降到最低限度。

6.6.2 分区防控措施

根据非正常状况下的预测评价结果，在建设项目服务年限内个别评价因子超标范围超出厂界时，应提出优化总图布置的建议或地基处理方案。

除了控制污染源产生之外，加强主动防护也非常重要，其中分区防渗是常见的保护措施，通常根据建设项目场地天然包气带防污性能、污染控制难易程度和污染物特性，划分为重点防渗区、一般防渗区、简单防渗区。地下水的防渗技术，一般有地面防渗技术、垂直防渗技术、内衬防渗技术等。

地面防渗技术是以极低渗透性（渗透系数应不高于 1.0×10^{-7} cm/s）的材料为核心，组成全封闭的非透水隔离层，将污染源与外界进行隔离。垂直防渗技术是利用场区底部的天然相对不透水层作为底部隔水层，在场区或装置区四周设置垂向防渗工程，垂向防渗层底部深入天然相对不透水层一定深度（深入渗透系数不大于 1.0×10^{-7} cm/s 的地层深度 $\geqslant 2.0$ m），阻断场区或装置区内污染物与周边土壤和地下水的水力联系，使其形成一个相对封闭单元。

地面防渗技术一般应用于有地面防渗操作空间与防渗效果的改扩建项目的防渗工程。垂直防渗技术主要应用于以下情形：① 由于地形条件限制，无法进行地面防渗的，且下伏的天然相对不透水层在场区内分布连续且稳定；② 由于已有装置的限制而无法开展地面防渗的；③ 已有大量固体废物堆存（贮存/填埋）而无法开展地面防渗的。

内衬防渗技术包括埋地管线内衬防渗技术和污水检查井防渗技术，其中：① 埋地管线内衬防渗技术是在现有的旧管道内壁浸渍液态热固性树脂的软衬层，通过加热或常温使其固化，形成与旧管道紧密结合的复合管，达到防渗目标；② 污水检查井防渗技术是使用柔性材料，通过井上预制或井下拼装焊接的方式，在井底和井壁内侧形成防渗层，对进出水管做防渗密封处理后，用横纵内支撑连接的方式固定支撑防渗层，并起到抗浮的作用。

6.6.3 地下水环境监测与管理

建立地下水环境监测管理体系，包括制定地下水环境影响跟踪监测计划、建立地下水环境影响跟踪监测制度、配备先进的监测仪器和设备，以便及时发现问题，采取措施。

（1）跟踪监测计划应根据环境水文地质条件和建设项目特点设置跟踪监测点，跟踪监测点应明确与建设项目的位置关系，给出点位、坐标、井深、井结构、监测层位、监测因子及监测频率等相关参数。

跟踪监测点数量要求：

① 一、二级评价的建设项目，一般不少于 3 个，应至少在建设项目场地、上、下游各布设 1 个。一级评价的建设项目，应在建设项目总图布置基础之上，结合预测评价结果和应急响应时间要求，在重点污染风险源处增设监测点。

② 三级评价的建设项目，一般不少于 1 个，应至少在建设项目场地下游布置 1 个。

明确跟踪监测点的基本功能，如背景值监测点、地下水环境影响跟踪监测点、污染扩散监测点等，必要时，明确跟踪监测点兼具的污染控制功能。

根据环境管理对监测工作的需要，提出有关监测机构、人员及装备的建议。

（2）制定地下水环境跟踪监测与信息公开计划。

落实跟踪监测报告编制的责任主体，明确地下水环境跟踪监测报告的内容，一般包括：

① 建设项目所在场地及其影响区地下水环境跟踪监测数据，排放污染物的种类、数量、浓度。

② 生产设备、管廊或管线、贮存与运输装置、污染物贮存与处理装置、事故应急装置等设施的运行状况、跑冒滴漏记录、维护记录。

信息公开计划应至少包括建设项目特征因子的地下水环境监测值。

6.6.4 应急响应

制定地下水污染应急响应预案，明确污染状况下应采取的控制污染源、切断污染途径等措施。

6.7 地下水环境影响评价结论

地下水环境影响评价的结论的主要内容，包括：概述调查评价区及场地环境水文地质条件和地下水环境现状；根据地下水环境影响预测评价结果，给出建设项目对地下水环境和保护目标的直接影响；根据地下水环境影响评价结论，提出建设项目地下水污染防控措施的优化调整建议或方案；结合环境水文地质条件、地下水环境影响、地下水环境污染防控措施、建设项目总平面布置的合理性等方面进行综合评价，明确给出建设项目地下水环境影响是否可接受的结论。

以下情况应得出可以满足标准要求的结论：

① 建设项目各个不同阶段，除场界内小范围以外地区，均能满足《地下水质量标准》或国家（行业、地方）相关标准要求的。

② 在建设项目实施的某个阶段，有个别评价因子出现较大范围超标，但采取环保措施后，可满足《地下水质量标准》（GB/T 14848）或国家（行业、地方）相关标准要求的。

以下情况应得出不能满足标准要求的结论：

① 新建项目排放的主要污染物，改、扩建项目已经排放的及将要排放的主要污染物在评价范围内地下水中已经超标的。

② 环保措施在技术上不可行，或在经济上明显不合理的。

思考题

1. 地下水环境影响评价的基本任务是什么？地下水环境保护目标有哪些？
2. 水文地质条件调查的主要内容包括哪些？
3. 地下水环境现状监测的布点原则有哪些？
4. 简述地下水环境影响评价等级划分要求。
5. 地下水环境一级评价的要求有哪些？

7 声环境影响评价

7.1 概述

声音是由物质振动产生的，一定振动频率的空气作用于人耳鼓膜而产生的感觉称为声音，声源可以是固体、液体或气体振动。人类生活在一个声音环境中，通过声音进行交谈、表达思想、感情和开展各种活动。但是，有的声音也会给人带来危害，例如振耳欲聋的机器声和爆炸声会危害人耳，邻居的乐器声会影响人的睡眠等，这种为人们生活和工作不需要的声音称为噪声。

噪声环境影响评价的基本任务是评价建设项目或规划实施引起的声环境质量的变化和外界噪声对需要安静的建设项目（拟建噪声敏感建筑物）的影响程度，拟达到以下目的：

（1）提出合理可行的防治措施，把噪声污染降低到允许水平。
（2）从声环境影响角度评价建设项目实施的可行性。
（3）为建设项目优化选址、选线、合理布局以及国土空间规划提供科学依据。

7.1.1 基本概念

1. 环境噪声（ambient noise）

环境噪声是指在工业生产、建筑施工、交通运输和社会生活中所产生的干扰周围生活环境的声音（频率在 20 Hz ~ 20 kHz 的可听声范围内）。

环境噪声源大体可分为四类：① 工业生产，如鼓风机、汽轮机、织布机、冲床等发出的噪声；② 建筑施工噪声，如打桩机、混凝土搅拌机、卷扬机和推土机等发出的声音；③ 交通噪声，包括汽车、火车、船舶汽笛和飞机等所产生的噪声；④ 社会生活噪声，例如人群大声喧闹、高音喇叭和收放机等发出过强的声音。

环境噪声污染是指所产生的环境噪声超过国家规定的环境噪声排放标准，并干扰他人正常生活、工作和学习的现象。

2. 声源

根据声源的特点，声源可以分为固定声源和流动声源。其中，固定声源是指在声源发声时间内，声源位置不发生移动的声源称为固定声源。流动声源是指在声源发声时间内，声源位置按一定轨迹移动的声源，称为流动声源。

另外，声源又可以分为点声源、线声源、面声源。其中，点声源是以球面波形式辐射声波的声源，辐射声波的声压幅值与声波传播距离（r）成反比。任何形状的声源，只要声波波长远远大于声源几何尺寸，该声源可视为点声源。在声环境影响评价中，声源中心到预测点之间的距离超过声源最大几何尺寸 2 倍时，可将该声源近似为点声源。线声源是以柱面波形式辐射声波的声源，辐射声波的声压幅值与声波传播距离的平方根（r）成反比。面声源是以平面波形式辐射声波的声源，辐射声波的声压幅值不随传播距离改变（不考虑空气吸收）。

3. 声环境保护目标

声环境敏感目标指依据法律法规、标准政策等确定的需要保持安静的建筑物及建筑物集中区，包括医院、学校、机关、科研单位、住宅等对需要保持安静的噪声敏感建筑物或区域。

声环境敏感目标是噪声环境影响评价的重点保护对象，评价中要提供项目声源和声环境保护目标的位置关系图及敏感点照片、现状测点位置图等。

4. 环境噪声值

在环境噪声预测过程中，环境噪声值又可以分为环境噪声的贡献值、背景值和预测值。

环境噪声的贡献值是由建设项目自身声源在预测点产生的声级。

环境噪声的背景值是不含建设项目自身声源影响的环境声级。

环境噪声的预测值是预测点的贡献值和背景值按能量叠加方法计算得到的声级。

建设项目声源在预测点产生的等效声级（预测值）（L_{eq}）计算公式：

$$L_{eq} = 10 \lg \left[10^{0.1 L_{eqg}} + 10^{0.1 L_{eqb}} \right]$$

式中　L_{eqg}（贡献值）——建设项目声源在预测点的等效声级贡献值，dB；

L_{eqb}（背景值）——预测点的背景值，dB。

5. 城市规划区

城市是指国家行政建制设置的直辖市、市和建制镇。城市规划区是指城市市区、近郊区以及城市行政区域内因城市建设和发展需要实行规划控制的其他区域。城市规划区的具体范围，由城市人民政府在编制的城市总体规划中划定。

6. 乡村

除城市规划区以外的其他地区，如村庄、集镇等称为乡村。村庄是指农村村民居住和从事各种生产的聚居点。集镇是指乡、民族乡人民政府所在地和经县级人民政府确定由集市发展而成的作为农村一定区域经济、文化和生活服务中心的非建制镇。

7. 昼间与夜间

根据《中华人民共和国环境噪声污染防治法》，"昼间"是指 6:00 至 22:00 之间的时段；"夜间"是指 22:00 至次日 6:00 之间的时段。县级以上人民政府为环境噪声污染防治的需要（如考虑时差、作息习惯差异等）而对昼间、夜间的划分另有规定的，应按其规定执行。

8. 厂界

由法律文书（如土地使用证、房产证、租赁合同等）中确定的业主所拥有使用权（或所有权）的场所或建筑物边界。各种产生噪声的固定设备的厂界为其实际占地的边界。

7.1.2 噪声的基本计算

1. 噪声的叠加

两个以上独立声源作用于某一点，产生噪声的叠加。两个声源叠加的总声压级：

$$L_P = 10\lg\left[10^{\frac{L_{P1}}{10}} + 10^{\frac{L_{P2}}{10}}\right]$$

式中　L_P——总声压级，dB；

　　　L_{P1}——声源 1 的声压级，dB；

　　　L_{P2}——声源 2 的声压级，dB。

① 两个声压级相等时（$L_{P1} = L_{P2}$），叠加的声压级为 $L = L_1 + 3$（dB），即：

$$L_P = L_{P1} + 10\lg 2 \approx L_{P1} + 3$$

② 两个声压级不等时，最大不超过 3 dB（$L_1 > L_2$，$L_{1+2} \leqslant L_1 + 3$）。

③ 两个声压级不等时，相差 ≥ 10 dB 以上时，增值很小，可忽略不计，叠加值仍等于 L_1。

2. 噪声相减

当噪声源的声级比背景噪声高，但由于后者的存在使测量读数增高，需要减去背景噪声，这就涉及到噪声相减的问题。减去背景噪声的声压级：

$$L_{P1} = 10\lg\left[10^{\frac{L_P}{10}} - 10^{\frac{L_{P2}}{10}}\right]$$

3. 噪声衰减计算

噪声在传播过程中由于距离增加而引起的几何发散衰减与噪声固有的频率无关。

① 点声源的衰减：

距离点声源 r_1、r_2，噪声衰减计算公式：

$$\Delta L = 20\lg\left(\frac{r_1}{r_2}\right)$$

式中　ΔL——衰减量；
　　　r——点声源至受声点的距离。

从上式可以看出，当 $r_2 = 2r_1$ 时，点声源传播距离增加一倍，衰减 6 dB（A）。

② 线声源的衰减。

无限长线声源，例如一条延伸很长的公路等，此时，在距离线声源 $r_1 \sim r_2$ 处的衰减值为：

$$\Delta L = 10\lg\left(\frac{r_1}{r_2}\right)$$

从上式可以看出，当 $r_2 = 2r_1$ 时，线声源传播距离增加一倍，衰减值 3 dB（A）。

4. 其他计算

此外，噪声计算还包括户外声传播衰减计算，包括几何发散（Adiv）、大气吸收（Aatm）、地面效应（Agr）、屏障屏蔽（Abar）、其他多方面效应（Amisc）引起的衰减。

7.1.3　有关环境噪声的标准

7.1.3.1　《环境影响评价技术导则 声环境》（HJ 2.4）

开展噪声环境影响评价的主要依据是《环境影响评价技术导则 声环境》（HJ 2.4），该导则于 1995 年首次发布，之后分别于 2009 年、2021 年进行了相关的修订，规定了声环境影响评价工作的一般性原则、内容、工作程序、方法和要求。

7.1.3.2　环境质量标准

开展噪声预测时，应根据声源的类别和建设项目所处的声环境功能区等确定声环境影响评价标准。

1. 《声环境质量标准》（GB 3096）

与声环境质量有关的标准最初于 1993 年发布，之后于 2008 年修订为《声环境质量标准》（GB 3096）。标准规定了五类声环境功能区的环境噪声限值及测量方法，适用于声环境质量评价与管理，但是机场周围区域受飞机通过（起飞、降落、低空飞越）噪声的影响，不适用于该标准。

按区域的使用功能特点和环境质量要求，声环境功能区分为以下五种类型，如表 7-1-1 所示。

表 7-1-1　声环境功能区划分

声环境功能区		划分要求
0 类声环境功能区		康复疗养区等特别需要安静的区域
1 类声环境功能区		指以居民住宅、医疗卫生、文化教育、科研设计、行政办公为主要功能，需要保持安静的区域
2 类声环境功能区		指以商业金融、集市贸易为主要功能，或者居住、商业、工业混杂，需要维护住宅安静的区域
3 类声环境功能区		指以工业生产、仓储物流为主要功能，需要防止工业噪声对周围环境产生严重影响的区域
4 类声环境功能区	4a 类	高速公路、一级公路、二级公路、城市快速路、城市主干路、城市次干路、城市轨道交通（地面段）、内河航道两侧区域
	4b 类	铁路干线两侧区域

乡村区域一般不划分声环境功能区，根据环境管理的需要，县级以上人民政府环境保护行政主管部门可按以下要求确定乡村区域适用的声环境质量要求：

a. 位于乡村的康复疗养区执行 0 类声环境功能区要求；

b. 村庄原则上执行 1 类声环境功能区要求，工业活动较多的村庄以及有交通干线经过的村庄（指执行 4 类声环境功能区要求以外的地区）可局部或全部执行 2 类声环境功能区要求；

c. 集镇执行 2 类声环境功能区要求；

d. 独立于村庄、集镇之外的工业、仓储集中区执行 3 类声环境功能区要求；

e. 位于交通干线两侧一定距离（参考 GB/T 15190）内的噪声敏感建筑物执行 4a、4b 类声环境功能区划分。

f. 根据《关于公路、铁路（含轻轨）等建设项目环境影响评价中环境噪声有关问题的通知》，评价范围内的学校、医院（疗养院、敬老院）等特殊敏感建筑，其室外昼间按 60 分贝、夜间按 50 分贝执行。

其中，交通干线是指铁路（铁路专用线除外）、高速公路、一级公路、二级公路、城市快速路、城市主干路、城市次干路、城市轨道交通线路（地面段）、内河航道。

当临街建筑高于三层楼房以上（含三层）时，将临街建筑面向交通干线一侧至交通干线边界线的区域定为 4a 类声环境功能区。

2.《声环境功能区划分技术规范》GB/T 15190

该标准规定了声环境功能区划分的原则和方法。

1）Ⅰ类用地、Ⅱ类用地

Ⅰ类用地包括 GB 50137 中规定的居住用地（R 类）、公园绿地（G1 类）、行政办公用地（A1 类）、文化设施用地（A2 类）、教育科研用地（A3 类）、医疗卫生用地（A5 类）、社会福利设施用地（A6 类）；

Ⅱ类用地包括 GB 50137 中规定的工业用地（M 类）和物流仓储用地（W 类）。

2）声环境功能区划分要求

根据 GB 3096 的规定，声环境功能区分为 0 类、1 类、2 类、3 类、4 类声环境功能区。

① 0 类声环境功能区划分

0 类声环境功能区适用于康复疗养区等特别需要安静的区域。该区域内及附近区域应无明显噪声源，区域界限明确。

② 符合下列条件之一的划为 1 类声环境功能区：

a. 城市用地现状已形成一定规模或近期规划已明确主要功能的区域，其用地性质符合 1 类声环境功能区规定的区域；

b. Ⅰ类用地占地率大于 70%（含 70%）的混合用地区域。

③ 符合下列条件之一的划为 2 类声环境功能区：

a. 城市用地现状已形成一定规模或近期规划已明确主要功能的区域，其用地性质符合 2 类声环境功能区规定的区域；

b. 划定的 0、1、3 类声环境功能区以外居住、商业、工业混杂区域。

④ 符合下列条件之一的划为 3 类声环境功能区：

a. 城市用地现状已形成一定规模或近期规划已明确主要功能的区域，其用地性质符合 3 类声环境功能区规定的区域；

b. Ⅱ类用地占地率大于 70%（含 70%）的混合用地区域。

⑤ 4 类声环境功能区划分

4a 类声环境功能区划分：将交通干线边界线外一定距离内的区域划分为 4a 类声环境功能区。距离的确定方法如下：

a. 相邻区域为 1 类声环境功能区，距离为 50 m ± 5 m；

b. 相邻区域为 2 类声环境功能区，距离为 35 m ± 5 m；

c. 相邻区域为 3 类声环境功能区，距离为 20 m ± 5 m。

当临街建筑高于三层楼房以上（含三层）时，将临街建筑面向交通干线一侧至交通干线边界线的区域定为 4a 类声环境功能区。

4b 类声环境功能区划分：交通干线边界线外一定距离以内的区域划分为 4b 类声环境功能区。距离的确定方法同 4a 类声环境功能区划分。

划分 4 类声环境功能区时，不同的道路、不同的路段、同路段的两侧及道路的同侧其距离可以不统一。

规定的环境噪声等效声级限值见表 7-1-2。

表 7-1-2　环境噪声限值　　　　　　　　　　　单位：dB（A）

声环境功能区类别		时段	
		昼间	夜间
0 类		50	40
1 类		55	45
2 类		60	50
3 类		65	55
4 类	4a 类	70	55
	4b 类	70	60

各类声环境功能区夜间突发噪声最大声级超过环境噪声限值的幅度不得高于 15 dB。突发噪声是指突然发生、持续时间较短、强度较高的噪声，如锅炉排气、工程爆破等产生的较高噪声。

7.1.3.3　环境噪声排放标准

1.《工业企业厂界环境噪声排放标准》（GB 12348）

该标准于 1990 年首次发布，2008 进行第一次修订。标准规定了工业企业和固定设备厂界环境噪声排放限值及其测量方法，适用于工业企业噪声排放的管理、评价及控制。机关、事业单位、团体等对外环境排放噪声的单位也按该标准执行。

工业企业厂界环境噪声不得超过表 7-1-3 规定的排放限值。

表 7-1-3　工业企业厂界环境噪声排放限值

声环境功能区	时段	
	昼间	夜间
0	50	40
1	55	45
2	60	50
3	65	55
4	70	55

另外，夜间频发噪声的最大声级超过限值的幅度不得高于 10 dB，夜间偶发噪声的最大声级超过限值的幅度不得高于 15 dB。当厂界与噪声敏感建筑物距离小于 1 m 时，厂界环境噪声应在噪声敏感建筑物的室内测量，并按照相应标准限值减 10 dB 作为评价依据。

2.《社会生活环境噪声排放标准》(GB 22337)

社会生活噪声是指营业性文化娱乐场所和商业经营活动中使用的设备、设施产生的噪声。

社会生活环境噪声排放标准规定了营业性文化娱乐场所和商业经营活动中可能产生环境噪声污染的设备、设施边界噪声排放限值和测量方法,适用于对营业性文化娱乐场所、商业经营活动中使用的向环境排放噪声的设备、设施的管理、评价与控制。

社会生活噪声排放源边界噪声不得超过表 7-1-4 规定的排放限值。

表 7-1-4　社会生活噪声排放源边界噪声排放限值　　　单位:dB(A)

声环境功能区类别	时段	
	昼间	夜间
0	50	40
1	55	45
2	60	50
3	65	55
4	70	55

在社会生活噪声排放源边界处无法进行噪声测量或测量的结果不能如实反映其对噪声敏感建筑物的影响程度的情况下,噪声测量应在可能受影响的敏感建筑物窗外 1 m 处进行。

当社会生活噪声排放源边界与噪声敏感建筑物距离小于 1 m 时,应在噪声敏感建筑物的室内测量,并将表 7-1-4 中相应的限值减 10 dB 作为评价依据。

3.《建筑施工场界环境噪声排放标准》(GB 12523)

建筑施工是指工程建设实施阶段的生产活动,是各类建筑物的建造过程,包括基础工程施工、主体结构施工、屋面工程施工、装饰工程施工(已竣工交付使用的住宅楼进行室内装修活动除外)等。建筑施工噪声是指建筑施工过程中产生的干扰周围生活环境的声音。

建筑施工场界是指由有关主管部门批准的建筑施工场地边界或建筑施工过程中实际使用的施工场地边界。根据该标准要求,建筑施工过程中场界环境噪声不得超过表 7-1-5 规定的排放限值。

表 7-1-5　建筑施工场界环境噪声排放限值　　　单位:dB(A)

昼间	夜间
70	55

另外，夜间噪声最大声级超过限值的幅度不得高于 15 dB（A）。当场界距声敏感建筑物较近，其室外不满足测量条件时，可在噪声敏感建筑物室内测量，并将表 7-1-5 中相应的限值减 10 dB（A）作为评价依据。

4.《铁路边界噪声限值及其测量方法》（GB12525）及其修改方案

《铁路边界噪声限值及其测量方法》（GB12525）规定了城市铁路边界处铁路噪声的限值及其测量方法，适用于对城市铁路边界噪声的评价。铁路边界是指距离铁路外侧轨道中心线 30 m 处。

既有铁路是指 2010 年 12 月 31 日前已建成运营的铁路或环境影响评价文件已通过审批的铁路建设项目。新建铁路是指自 2011 年 1 月 1 日起环境影响评价文件通过审批的铁路建设项目（不包括改、扩建既有铁路建设项目）。

表 7-1-6　既有铁路边界铁路噪声限值　　　　　　　单位 dB（A）

类别	昼间	夜间
既有铁路边界	70	70
新建铁路边界	70	60

7.2　声环境影响评价基本要求

7.2.1　评价类别

1. 依评价对象划分

按评价对象，可分为建设项目对外环境的声环境影响评价和外环境声源对建设项目（特别是对外环境噪声有要求的项目）的声环境影响评价，一般声环境影响评价主要集中在建设项目声源对外环境的环境影响评价方面。

2. 依声源种类划分

按声源种类划分，可分为固定声源和流动声源的环境影响评价。固定声源的环境影响评价主要指工业（工矿企业和事业单位）和其他固定声源的环境影响评价。流动声源的环境影响评价主要指在城市道路、公路、铁路、城市轨道交通上行驶的车辆以及从事航空和水运等运输工具，在行驶过程中产生的噪声环境影响评价。

停车场、调车场、施工期施工设备、运行期物料运输、装卸设备等，按照前述的定义，可分别划分为固定声源或流动声源。

建设项目既拥有固定声源，又拥有流动声源时，应分别进行噪声环境影响评价；同一敏感点既受到固定声源影响，又受到流动声源影响时（机场航空器噪声除外），应叠加环境影响后进行评价。

7.2.2 评价时期

根据建设项目实施过程中噪声影响特点,评价时期主要是施工期和运行期。

运行期声源为固定声源时,将固定声源投产运行年作为环境影响评价年限;运行期声源为移动声源时,将工程预测的代表性水平年分别作为环境影响评价年限。一般来讲,公路项目运行期的近、中、远期的代表性水平年分别是项目投产运行后第1年、第7年、第15年。

7.2.3 评价工作等级

7.2.3.1 划分的依据

声环境影响评价工作等级划分依据包括:
① 建设项目所在区域的声环境功能区类别。
② 建设项目建设前后评价范围内声环境保护目标噪声值增量。
③ 受建设项目影响人口的数量。

7.2.3.2 评价等级划分

声环境影响评价工作等级一般分为三级,一级为详细评价,二级为一般性评价,三级为简要评价,如表7-2-1所示。

表7-2-1 声环境影响评价工作等级

划分依据	一级	二级	三级
建设项目所在区域的声环境功能区类别	GB 3096规定的0类声环境功能区域	GB 3096规定的1类、2类地区	GB 3096规定的3类、4类地区
建设项目建设前后评价范围内声环境保护目标噪声值增量	增高量达5 dB(A)以上(不含5 dB(A))	3 dB(A)~5 dB(A)(含5 dB(A))	在3 dB(A)以下(不含3 dB(A))
受建设项目影响人口的数量	受影响人口数量显著增多	受噪声影响人口数量增加较多	受影响人口数量变化不大

在确定评价工作等级时,如建设项目符合两个以上级别的划分原则,按较高级别的评价等级评价。机场建设项目航空器噪声环境影响评价等级为一级。

7.2.3.3 不同评价等级的评价要求

评价工作等级不同,现状监测和预测评价的内容和要求也不相同,如表7-2-2所示。

表 7-2-2　各评价等级要求

等级	噪声源	现状监测	噪声预测	等声级线图
一级	主要声源的数量、位置和声源源强	评价范围内具有代表性的声环境保护目标的声环境质量现状需要现场实测	预测项目在施工期、运行期所有声环境保护目标处的噪声贡献值和预测值，预测和评价项目在施工期、运行期厂界（场界、边界）噪声贡献值，并评价其超标和达标情况	应绘制运行期代表性水评价水平年等声级线图
二级				根据评价需要绘制等声级线图
三级		可利用评价范围内已有的声环境质量监测资料，若无现状监测资料时可选择有代表性的声环境保护目标进行现场实测		—

7.2.4　评价范围

声环境影响评价范围依评价工作等级确定，同时根据固定源和移动源有所区别。

① 对于以固定声源为主的建设项目（如工厂、港口、施工工地、铁路站场等）：

满足一级评价的要求，一般以建设项目边界向外 200 m 为评价范围；

二级、三级评价范围可根据建设项目所在区域和相邻区域的声环境功能区类别及声环境保护目标等实际情况适当缩小。如依据建设项目声源计算得到的贡献值到 200 m 处，仍不能满足相应功能区标准值时，应将评价范围扩大到满足标准值的距离。

② 城市道路、公路、铁路、城市轨道交通地上线路和水运线路等建设项目：

满足一级评价的要求，一般以道路中心线外两侧 200 m 以内为评价范围；

二级、三级评价范围可根据建设项目所在区域和相邻区域的声环境功能区类别及声环境保护目标等实际情况适当缩小。如依据建设项目声源计算得到的贡献值到 200 m 处，仍不能满足相应功能区标准值时，应将评价范围扩大到满足标准值的距离。

③ 机场噪声评价范围应不小于计权等效连续感觉噪声级（L_{WECPN}）70 dB 的等声级线范围。不同飞行量机场推荐噪声评价范围参见《环境影响评价技术导则 声环境》。

7.3　噪声源强分析

一级、二级、三级评价均应调查分析拟建项目的主要噪声源。通过工程分析，找出拟建项目在施工期和运行期的主要固定声源和移动声源，分析主要声源的种类、数量、位置、运行时间和噪声级等基本情况，并在标有比例尺的图中标识固定声源的具体位置或移动声源的路线、跑道等位置，并标明噪声源数据的来源。

固定声源要给出主要设备名称、型号、数量、声源源强、运行方式和运行时间；流动声源要给出主要设备型号、数量、声源源强、运行方式、运行时间、移动范围和路径。

对声环境保护目标影响较大的外部声源,应该在现状调查的过程中开展实地勘察,必要时需要进行现场监测。

7.3.1 施工期主要声源

施工期的声环境影响预测中,主要施工机械(包括道路工程主要施工机械)产生的噪声值可以参考现有监测值资料,如表7-3-1、表7-3-2所示。

表 7-3-1 主要施工机械噪声随距离的衰减结果

施工阶段	噪声源	实测值(dB)距离15 m处	声级衰减预测距离/m				
			85 dB	75 dB	70 dB	65 dB	55 dB
土石方	推土机(120马力)	88	20	60	106	189	597
	挖掘机(单斗)	78		22	40	75	190
	装载机	83		40	70	130	350
打桩	钻孔式灌装机	94	44	113	238	423	1337
结构	混凝土振捣机	78			37	66	200
	搅拌机	80		24	47	84	267
	电锯	81			28	56	85	170
吊装	吊车、升降机	69				25	80

表 7-3-2 道路工程施工机械噪声测试值

序号	机械类型	型号	测点距施工机械距离/m	最大声级 L_{max}/dB
1	轮式装载机	XL40型	5	90
2	轮式装载机	XL50型	5	90
3	平地机	PY160A型	5	90
4	振动式压路机	YZJ10B型	5	86
5	双轮双振压路机	CC21型	5	81
6	三轮压路机		5	81
7	轮胎压路机	ZL16型	5	76
8	推土机	T140型	5	86
9	轮胎式液压挖掘机	W4-60C型	5	84
10	摊铺机(英国)	Fifond311ABG CO	5	82
11	摊铺机(德国)	VOGELE	5	87
12	发电机组(2台)	FKV-75	1	98
13	冲击式钻井机	22型	1	87

续表

序号	机械类型	型号	测点距施工机械距离/m	最大声级 L_{max}/dB
14	锥形反转出料混凝土搅拌机	JZC350 型	1	79
15	沥青混凝土搅拌机（英国）	ParkerLB1000 型	2	88
16	沥青混凝土搅拌机（西筑）	LB30 型	2	90
17	沥青混凝土搅拌机（西筑）	LB2.5 型	2	84
18	沥青混凝土搅拌机（意大利）	MARINI	2	90

7.3.2 运营期主要声源

项目运行期声源包括固定声源和移动声源，又可以分为工业企业噪声源、公路及城市道路交通噪声源、铁路及城市轨道交通噪声源、机场航空器噪声源等。

噪声对声环境保护目标的影响大小，与噪声源到声环境保护目标之间的传播途径有关，如地形、高差、地面状况、气候条件等。除此以外，最主要的影响因素是噪声产生源。

7.3.2.1 工业企业噪声

除了物料、产品储运会产生移动噪声外，工业企业项目在运行期主要噪声是固定噪声，并且通常又可以分为室内噪声和室外噪声两种。

在开展工程分析时，需要确定建设项目的设备类型、型号、数量，并结合设备和工程厂界（场界、边界）以及声环境保护目标的相对位置确定工程的主要声源。

工业企业生产中容易产生噪声的设备或场所是冷却塔、空压机、风机、锅炉房、泵房、生产车间等，噪声值一般可以根据设备型号进行类比分析。

7.3.2.2 公路及城市道路交通噪声

公路及城市道路交通项目运行时的噪声源主要来自是车辆行驶噪声，属于移动污染源。车辆噪声的大小与车流量、车型、路面结构、材料等有关，分析各路段昼间和夜间各类型车辆的比例、车流量、车速等，可以利用相关模型计算各类型车的声源源强，也可通过类比量进行修正，以确定噪声源强，如表 7-3-3 所示。

表 7-3-3 公路/城市道路噪声源强调查清单

路段	时期	车流量/(辆/h)						车速/(km/h)						源强/dB					
		小型车		中型车		大型车		小型车		中型车		大型车		小型车		中型车		大型车	
		昼间	夜间	昼间	夜间	昼间	夜间	昼间	夜间	昼间	夜间	昼间	夜间	昼间	夜间	昼间	夜间	昼间	夜间
	近期																		
	中期																		
	远期																		

7.3.2.3 铁路及城市轨道交通噪声

铁路及城市轨道交通项目运行期噪声主要与列车类型、牵引类型、运行速度、列车长度（编组情况）、列车轴重、簧下质量（城市轨道交通）、各类型列车昼间和夜间的开行对数等有关，也受到线路等级、线路结构、轨道和道床结构影响，如表7-3-4、表7-3-5所示。

表 7-3-4 铁路/城市轨道交通噪声源强调查清单

	车速	线路形式（桥梁/路堤/路堑）	无砟/有砟轨道	有缝/无缝	防撞墙/挡板结构高出轨面高度	噪声源强值
车型1						
车型2						

表 7-3-5 铁路/城市轨道交通车流量/车型清单

设计年度	区段	昼夜车流量比	列车对数/（对/日）		
			车型1	车型2	…
近期	区段1				
	区段2				
	…				
中期	区段1				
	区段2				
	…				
远期	区段1				
	区段2				
	…				

7.3.2.4 机场航空器噪声

影响机场项目噪声大小的因素，包括机场跑道的长度、宽度、中心点或中心线端点坐标、坡度、跑道真方位及海拔高度等；对于多跑道机场，还应包括跑道数量、平行跑道间距及跑道端错开距离、非平行跑道的夹角等相对位置关系参数；另外，还受到机场年飞行架次、年运行天数、日平均飞行架次，机场不同跑道和不同航向的航空器起降架次、机型比例，以及昼间、傍晚、夜间的飞行架次比例等有关。

7.4 声环境现状调查和评价

7.4.1 调查内容

开展声环境现状调查的主要目的是为噪声影响预测和环保措施的制定提供基础数据，主要是调查建设项目周边的声环境功能区划分情况、所在区域声环境质量、主要环境声源、声环境敏感保护目标数量、与项目位置关系等内容。

1. 区域声环境概况

1）声环境敏感保护目标

声环境现状调查的内容包括评价范围内声环境保护目标的名称、规模、地理位置、行政区划、所在声环境功能区、不同声环境功能区内人口分布情况、建筑情况等，并以图、表相结合的方式说明声环境保护目标与建设项目的关系（如方位、距离、高差等）。洞东路改建工程项目声环境主要保护目标表如表 7-4-1 所示。

表 7-4-1　洞东路改建工程项目声环境主要保护目标表

序号	地点	里程范围	线路形式	与道路中心线距离/m	高差/m	执行标准	环境特征
1	黑达村	K2+200~K2+500（改建段）	路基	右侧 50~200	-10	2类	共17户约130人，第一排有6户，主要生活来源为种植小麦大麦（一年两熟），采摘虫草、松茸。现有道路为土石路面，路宽为 4~6.5 m
2	洞松	K6+860~K7+020（改建段）	路基	右侧 200	0	2类	洞松乡政府、中心校、卫生所、派出所、畜牧兽医站所在地，常年工作人员约30人
3	仲达	K9+500~K9+850（改建段）	路基	右侧 20~200	30	2类	11户约80人，主要生活来源为采摘虫草、松茸。现有道路为土石路面，路宽为 6.5 m
4	毛屋	K80+500~K80+790（改建段）	路基	左侧 70~150	-20	2类	9户约50人，主要生活来源为种植青稞、核桃，养猪牛，采摘虫草、松茸。现有道路为土石路面，路宽为 7.5m

2）影响声波传播的环境要素

影响声波传播的环境要素包括当地的气象和地形地貌特征等。其中气象特征主要包括年平均风速、主导风向、年平均气温、年平均相对湿度等；地形地貌调查包括评价范围内声源和声环境保护目标之间的地貌特征、地形高差及影响声波传播的环境要素，必要时要收集评价范围内1:2 000~1:50 000地理地形图进行分析。

2. 声环境质量现状调查

对于一级、二级评价，在评价范围内具有代表性的声环境保护目标的声环境质量现状需要现场监测，其余声环境保护目标的声环境质量现状可通过类比或现场监测结合模式计算法给出，分析现状声源的构成及其对声环境保护目标的影响。

对于三级评价，调查评价范围内具有代表性的声环境保护目标的声环境质量现状可利用评价范围内已有的监测资料，无监测资料时可选择有代表性的保护目标进行现场监测，分析现状声源的构成。

3. 现状声源

对于一级、二级评价，当评价范围内存在对声环境保护目标有明显影响的现状声源时，要调查该声源的名称、类型、数量、位置、源强等。评价范围内现状声源源强调查应采用现场监测法或收集资料法确定。

三级评价主要分析现状声源的构成。

7.4.2 调查方法

环境现状调查的基本方法是：① 收集资料法；② 现场监测法；③ 现场监测与模型计算相结合的方法。调查时，应根据评价工作等级的要求，以及现状噪声源情况，确定需采用的具体方法。

7.4.3 现状监测

开展噪声环境现状监测，需要遵循以下原则：

（1）布点应覆盖整个评价范围，包括厂界（或场界、边界）和声环境保护目标。当声环境保护目标高于（含）三层建筑时，还应选取有代表性的不同楼层设置测点。

（2）评价范围内没有明显的声源（如工业噪声、交通运输噪声、建设施工噪声、社会生活噪声等），可选择有代表性的区域布设测点。

（3）评价范围内有明显的声源，并对声环境保护目标的声环境质量有影响，或建设项目为改、扩建工程，应根据声源种类采取不同的监测布点原则。

具体设置监测布点时，要综合考虑拟建项目声源类别、受影响环境敏感保护目标以及评价范围内的现有声源。

① 当声源为固定声源时，现状测点应重点布设在可能同时受到现有声源、建设

项目声源影响的声环境保护目标处,以及有代表性的声环境保护目标处;为满足预测需要,也可在距离现有声源不同位置处设衰减测点。

② 当声源为流动声源,且呈现线声源特点时,现状测点位置选取应兼顾声环境保护目标的分布状况、工程特点及线声源噪声影响随距离衰减的特点,布设在具有代表性的声环境保护目标处。为满足预测需要,也可选取若干线声源的垂线,在垂线上距声源不同距离处布设监测点。

③ 对于改、扩建机场工程,测点一般布设在主要声环境保护目标处,重点关注航迹下方的声环境保护目标及跑道侧向较近处声环境保护目标。测点数量可根据机场飞行量及周围声环境保护目标情况确定,现有单条跑道、二条跑道或三条跑道的机场可分别布设 3~9,9~14 或 12~18 个飞机噪声测点,跑道增多可进一步增加测点。对于评价范围内少于 3 个声环境保护目标的情况,应适当结合航迹下方的导航台站位置或跑道两端航迹 3 km 以内的位置布点。

7.4.4 现状评价

1. 图件

声环境现状评价图件中应标明图例、比例尺、方向标等,制图精度不应低于工程设计文件。

图件应包括声环境保护目标分布及与项目位置关系图,线性工程比例尺应不低于 1∶5 000;如果是机场项目,其声环境保护目标与项目关系图底图应采用近 3 年内空间分辨率不低于 5 m 的遥感影像或航拍图,比例尺不低于 1∶10 000。

对声环境保护目标有明显影响的现有声源,还需根据声源种类提供相应图件,如评价范围内工矿企业厂区(声源位置)平面布置图、城市道路、公路、铁路、城市轨道交通等线路走向图、机场总平面图及飞行程序图等。

开展现状监测或者引用已有监测数据的,还需提供现状监测布点图。

2. 表格

① 表格应包括评价范围内声环境保护目标的名称、建筑物类别和不同类别建筑物数量、声环境保护目标的户数,并明确现有声环境保护目标的分布情况与拟建项目的空间位置关系。

② 给出厂界(场界、边界)、各声环境保护目标的现状值及超标和达标情况,给出不同声环境功能区或声级范围(机场航空器噪声)内的超标户数。

3. 文字结论

① 现有声源情况:分析评价范围内的既有声源种类、数量、相应噪声级、噪声特性等,明确主要声源分布。

② 声环境质量情况:分析评价厂界(场界、边界)和各声环境保护目标的超标

和达标情况，分析其受既有主要声源的影响状况。

7.5 声环境影响预测

7.5.1 基本要求

（1）预测范围：应与评价范围相同。
（2）预测时期：一般要预测施工期和运行期，特殊情况下开展服务期满的预测。
（3）预测对象：建设项目评价范围内声环境保护目标和工业企业建设项目厂界（或场界、边界）应作为预测点和评价点。
（4）预测资料：包括声源资料以及影响声波传播的各类参数。
① 声源资料。
一级、二级、三级评价均应调查分析拟建项目的主要噪声源。
拟建项目将产生的污染源，需要通过工程分析，分析拟建项目的主要固定声源和移动声源，内容包括项目施工和运行期主要声源的种类、数量、位置、运行时间和噪声级等基本情况，并在标有比例尺的图中标识固定声源的具体位置或移动声源的路线、跑道等位置，并标明噪声源数据的来源。
根据工程特点，确定声源的种类：固定声源要给出主要设备名称、型号、数量、声源源强、运行方式和运行时间；流动声源要给出主要设备型号、数量、声源源强、运行方式、运行时间、移动范围和路径。
施工期的声环境影响预测中，主要施工机械（包括道路工程主要施工机械）产生的噪声值可以参考现有监测值资料。
② 影响声波传播的各类参量。
影响声波传播的各类参量应通过资料收集和现场调查取得，各类参量如下：
a. 建设项目所处区域的年平均风速和主导风向、年平均气温、年平均相对湿度、大气压强；
b. 声源和预测点间的地形、高差；
c. 声源和预测点间障碍物（如建筑物、围墙等；若声源位于室内，还包括门、窗等）的位置及长、宽、高等数据；
d. 声源和预测点间树林、灌木等分布情况，地面覆盖情况（如草地、水面、水泥地面、土质地面等）。

7.5.2 预测内容

声环境影响预测的对象是评价范围内的声环境保护目标处，以及厂界（或场界、边界）处的噪声值。

1. 所有声环境保护目标处的噪声预测

预测建设项目在施工期和运营期所有声环境保护目标处的噪声贡献值,以及与背景值叠加之后的噪声预测值,并根据预测结果,评价其超标和达标情况。

铁路、城市轨道交通、机场等建设项目,还需要预测列车通过时段内声环境保护目标处的等效连续 A 声级($L_{Aeq,Tp}$)、单架航空器通过时在声环境保护目标处的最大 A 声级(L_{Amax})。

2. 厂界(或场界、边界)的噪声预测

预测和评价建设项目在施工期和运营期厂界(或场界、边界)的噪声贡献值,评价其超标和达标情况。

7.5.3 预测评价

声环境影响预测评价要明确预测时段、预测基础资料、预测方法、声源数量、源强,预测建设项目在不同时段声环境保护目标处、厂界(场界、边界)噪声达标、超标情况及超标原因。

1. 图件

一级评价的工业企业建设项目应给出等声级线图,一级评价的地面交通建设项目应结合现有或规划保护目标给出典型路段的噪声贡献值等声级线图,评价结果制图比例尺一般不应小于设计文件对其相关图件要求的比例尺。

二级评价根据评价需要绘制等声级线图。

等声级线的间隔应不大于 5 dB(一般选 5 dB)。对 L_{eq} 等声级线最低值应与相应功能区夜间标准值一致,最高值可为 75 dB;对于 L_{WECPN} 一般应有 70 dB、75 dB、80 dB、85 dB、90 dB 的等声级线。

2. 表格

① 应列表给出建设项目厂界(场界、边界)噪声贡献值。

② 给出各声环境保护目标处的背景噪声值、噪声贡献值、噪声预测值、超标和达标情况等。分析超标原因,明确引起超标的主要声源。

机场项目还应给出评价范围内不同声级范围覆盖下的面积。

3. 文字表达

分析建设项目对厂界(场界、边界)噪声贡献值,以及声环境保护目标处考虑背景噪声后的噪声预测值,评价达标、超标情况,分析超标原因,明确引起超标的主要声源。

7.5.4 预测计算

7.5.4.1 预测步骤

（1）建立坐标系，确定声源类型。

确定各声源坐标和预测点坐标，并根据声源性质以及预测点与声源之间的距离等情况，把声源简化成点声源、线声源或面声源。

（2）预测噪声值。

根据已获得的声源源强的数据和各声源到预测点的声波传播条件资料，计算出噪声从各声源传播到预测点的声衰减量，由此计算出各声源单独作用在预测点时产生的 A 声级（L_{Ai}）或等效感觉噪声级（LEPN）。

① 噪声级计算。

根据项目情况，选择合适的评价模型，如点源，或者公路、铁路、机场等预测项目声源在预测点的等效声级贡献值。

② 考虑背景值的叠加。

建设项目声源在预测点产生的等效声级贡献值（L_{eq}）计算公式：

$$L_{eq} = 10\lg\left[10^{0.1L_{eqg}} + 10^{0.1L_{eqb}}\right]$$

式中　L_{eqg}——建设项目声源在预测点的等效声级贡献值，dB；

　　　L_{eqb}——预测点的背景值，dB。

7.5.4.2 工业噪声预测模型

工业噪声源有室内和室外两种，应该分别计算。

1. 室外声源

① 预测点处声压级预测。

户外声传播衰减包括几何发散（A_{div}）、大气吸收（A_{atm}）、地面效应（A_{gr}）、障碍物屏蔽（A_{bar}）、其他多方面效应（A_{misc}）引起的衰减。

$$L_p(r) = L_W + D_c - (A_{div} + A_{atm} + A_{gr} + A_{bar} + A_{misc})$$

式中　$L_p(r)$——预测点处声压级，dB；

　　　L_W——由点声源产生的声功率级（A 计权或倍频带），dB；

　　　D_C——指向性校正，它描述点声源的等效连续声压级与产生声功率级 L_W 的全向点声源在规定方向的声级的偏差程度，dB。

② 预测点 A 声级。

将 8 个倍频带声压级合成，可以计算出预测点的 A 声级 $L_A(r)$。

$$L_A(r) = 10\lg\left\{\sum_{i=1}^{8} 10^{0.1\left[L_{pi}(r) - \Delta L_i\right]}\right\}$$

式中 $L_A(r)$——距声源 r 处的 A 声级，dB(A)；

　　　$L_{pi}(r)$——预测点(r)处，第 i 倍频带声压级，dB；

　　　ΔL_i——第 i 倍频带的 A 计权网络修正值，dB。

2. 室内声源

① 声源位于室内，室内声源可采用等效室外声源声功率级法进行计算。设靠近开口处（或窗户）室内、室外某倍频带的声压级或 A 声级分别为 L_{P1} 和 L_{P2}。若声源所在室内声场为近似扩散声 A 场，则室外的倍频带声压级可按下式近似求出：

$$L_{P2} = L_{P1} - (TL + 6)$$

式中 L_{P1}——靠近开口处（或窗户）室内某倍频带的声压级或 A 声级，dB；

　　　L_{P2}——靠近开口处（或窗户）室外某倍频带的声压级或 A 声级，dB；

　　　TL——隔墙（或窗户）倍频带或 A 声级的隔声量，dB。

② 在室内近似为扩散声场时，按下式计算出靠近室外围护结构处的声压级：

$$L_{P2i}(T) = L_{P1i}(T) + (TL_i + 6)$$

式中 $L_{P2i}(T)$——靠近围护结构处室外 N 个声源 i 倍频带的叠加声压级，dB；

　　　$L_{P1i}(T)$——靠近围护结构处室内 N 个声源 i 倍频带的叠加声压级，dB；

　　　TL_i——围护结构 i 倍频带的隔声量，dB。

③ 将室外声源的声压级和透过面积换算成等效的室外声源，计算出中心位置位于透声面积（S）处的等效声源的倍频带声功率级。

$$L_w = L_{P2}(T) + 10\lg S$$

式中 L_w——中心位置位于透声面积（S）处的等效声源的倍频带声功率级，dB；

　　　$L_{P2}(T)$——靠近围护结构处室外声源的声压级，dB；

　　　S——透声面积，m²。

④ 再按室外声源预测方法计算预测点处 A 声级。

3. 工业企业噪声预测

设第 i 个室外声源在预测点产生的 A 声级为 L_{Ai}，在 T 时间内该声源工作时间为 t_i；第 j 个等效室外声源在预测点产生的 A 声级为 L_{Aj}，在 T 时间内该声源工作时间为 t_j，则拟建工程声源对预测点产生的贡献值（L_{eqg}）为：

$$L_{eqg} = 10\lg\left[1/T\left(\sum_{i=1}^{N} t_i 10^{0.1L_{Ai}} + \sum_{j=1}^{M} t_j 10^{0.1L_{Aj}}\right)\right]$$

式中 L_{eqg}——建设项目声源在预测点产生的噪声贡献值，dB；

　　　T——用于计算等效声级的时间，s；

　　　N——室外声源个数；

t_i——在 T 时间内 i 声源工作时间，s；

M——等效室外声源个数；

t_j——在 T 时间内 j 声源工作时间，s。

7.5.4.3 公路、城市道路交通运输噪声预测

1. 预测参数

① 工程参数。

明确公路（或城市道路）建设项目各路段的工程内容，路面的结构、材料、坡度、标高等参数；明确公路（或城市道路）建设项目各路段昼间和夜间各类型车辆的比例、昼夜比例、平均车流量、高峰车流量、车速。

② 声源参数。

按照大、中、小车型的分类，利用相关模式计算各类型车的声源源强，也可通过类比测量进行修正。车型分类（大、中、小型车）方法见表 7-5-1。

表 7-5-1 车型分类

车型	汽车代表车型	车辆折算系数	车型划分标准
小	小客车	1.0	座位≤19 座的客车和载质量≤2 t 货车
中	中型车	1.5	座位>19 座的客车和 2 t<载质量≤7 t 货车
大	大型车	2.5	7 t<载质量≤20 t 货车
	汽车列车	4.0	载质量>20 t 的货车

③ 声环境保护目标参数。

根据现场实际调查，给出公路（或城市道路）建设项目沿线声环境保护目标的分布情况，各声环境保护目标的类型、名称、规模、所在路段、桩号（里程）、与路基的相对高差及建筑物的结构、朝向和层数等。

④ 声传播途径分析。

列表给出声源和预测点之间的距离、高差，分析声源和预测点之间的传播路径，给出影响声波传播的地面状况、障碍物、树林等。

2. 预测模式

公路噪声预测时，采用导则推荐模型，先将车型分为大、中、小型车，分别计算各车型的噪声值。

$$L_{Aeq}(h)_i = \overline{(L_{oE})_i} + 10\lg\left(\frac{N_i}{V_i T}\right) + \Delta L_{距离} + 10\lg\left(\frac{\theta}{\pi}\right) + \Delta L - 16$$

式中 $L_{Aeq}(h)_i$——第 i 类车的小时等效声级，dB（A）；

$(\overline{L_{0E}})_i$——第 i 类车速度为 V_i，km/h，水平距离为 7.5 m 处的能量平均 A 声级，dB(A)；

N_i——昼间、夜间通过某个预测点的第 i 类车平均小时车流量，辆/h；

V_i——第 i 类车的平均车速，km/h；

T——计算等效声级的时间，1 h；

$\Delta L_{距离}$——距离衰减量，dB（A）；

θ——预测点到有限长路段两端的张角，弧度；

ΔL——由其他因素引起的修正量，dB（A）。

（1）$\Delta L_{距离}$ 按照下式计算：

小时车流量大于等于 300 辆/h：

$$\Delta L_{距离} = 10 \lg \left(\frac{7.5}{r} \right)$$

小时车流量小于 300 辆/h：

$$\Delta L_{距离} = 15 \lg \left(\frac{7.5}{r} \right)$$

r——从车道中心线到预测点的距离，m，适用于 $r>7.5$m 预测点的噪声预测

（2）ΔL 可按下式计算：

$$\Delta L = \Delta L_1 - \Delta L_2$$

其中 ΔL_1——线路因素引起的修正量，dB（A）；

ΔL_2——声波传播途径中引起的衰减量，dB（A）。

$$\Delta L_1 = \Delta L_{坡度} + \Delta L_{路面}$$

其中公路纵坡引起的修正量按公式下式计算：

大型车：$\Delta L_{坡度} = 98 \times \beta$

中型车：$\Delta L_{坡度} = 73 \times \beta$

小型车：$\Delta L_{坡度} = 50 \times \beta$

式中 $\Delta L_{坡度}$——公路纵坡引起的修正量，dB（A）；

β——公路纵坡坡度，%。

其中路面噪声修正量为：沥青混凝土路面为 0；水泥混凝土路面在车速修正量为 30 km/h、40 km/h、大于 50 km/h，其路面修正量分别为 1.0 dB、1.5 dB、2 dB。

$$\Delta L_2 = A_{gr} + A_{bar} + A_{fol} + A_{atm}$$

A_{gr}——地面吸收引起的衰减量，dB（A）；

A_{bar}——遮挡物引起的衰减量，dB（A）；

A_{fol}——绿化林带引起的的衰减量，dB（A）；

A_{atm}——大气吸收引起的衰减量，dB（A）。

总车流等效声级为：

$$(L_{Aeq})_{交} = 10\lg\left[10^{0.1(L_{Aeq})_{大}} + 10^{0.1(L_{Aeq})_{中}} + 10^{0.1(L_{Aeq})_{小}}\right]$$

3. 某公路噪声预测实例

某新建三级公路项目推荐方案路线全长 71.863 km，根据评价项目工可成果，结合现场调查，预测计算各预测年交通量车型比、昼夜比，见表 7-5-2。

表 7-5-2　车型比和日昼比

车型比/%			昼夜比
小型车	中型车	大型车	
71	15	14	9:1

采用预测模式和参数进行路段交通噪声预测计算，得出噪声预测结果，见表 7-5-3。

表 7-5-3　项目噪声预测结果　　　　　　　　　　　　单位：dB

年份	时段	距路中心线不同距离处交通噪声预测值									
		10 m	20 m	40 m	60 m	80 m	100 m	120 m	140 m	160 m	180 m	200 m
2025年年均	昼间	48.7	39.4	34.4	32.1	30.6	29.5	28.6	27.8	27.2	26.6	26.1
	夜间	43.1	33.9	28.8	26.5	25.0	23.9	23.0	22.3	21.6	21.0	20.5
2031年年均	昼间	50.8	41.6	36.6	34.3	32.8	31.7	30.7	30.0	29.3	28.8	28.2
	夜间	45.5	36.3	31.3	29.0	27.5	26.4	25.5	24.7	24.0	23.5	22.9
2039年年均	昼间	53.3	44.1	39.1	36.8	35.3	34.1	33.2	32.5	31.8	31.2	30.7

项目建成运行后，对沿线敏感点的噪声预测结果，见表 7-5-4。

表 7-5-4　声环境敏感点噪声预测结果（考虑背景值）　　　　单位：dB

序号	敏感点及桩号	与路中心线距离/m	高差/m	执行标准/dB	2025年		2031年		2039年	
					昼间	夜间	昼间	夜间	昼间	夜间
1	K5+900 仁堆村	左右侧 10 m	0	2类：昼间60，夜间50	55.3	45.7	55.8	47.2	56.8	48.8
2	K7+000 仁堆仲	左右侧 120 m	−5	2类：昼间60，夜间50	54.1	42.3	54.1	42.3	54.1	42.4
3	K19+300 春季牧场	右侧 150 m	−2～0	2类：昼间60，夜间50	52.3	41.9	52.3	42.0	52.3	42.0
4	K28+100 打朗鼓牛场	左侧 100 m	−16	2类：昼间60，夜间50	53.2	42.3	53.3	42.3	53.3	42.4

续表

序号	敏感点及桩号	与路中心线距离/m	高差/m	执行标准/dB	2025年 昼间	2025年 夜间	2031年 昼间	2031年 夜间	2039年 昼间	2039年 夜间
5	K61+800 半岛村	左右侧 10 m	-6~1	2类：昼间60，夜间50	55.1	46.2	55.7	47.5	56.7	49.0
6	K64+600 麦则村	左右侧 10 m	3	2类：昼间60，夜间50	53.8	45.7	54.6	47.2	55.8	48.8
7	K66+000 培考村	左右侧 10 m	0	2类：昼间60，夜间50	54.7	45.6	55.3	47.1	56.4	48.7
8	K66+000 木拉乡小学	左侧 20 m	0	2类：昼间60，夜间50	51.5	43.5	51.7	43.8	52.0	44.3

其他铁路、城市轨道交通，以及机场航空器噪声预测模型，参见《环境影响评价技术导则 声环境》。

7.6 噪声防治对策

7.6.1 噪声防治措施的一般要求

开展噪声防治措施评价的主要内容是分析建设项目的选址（选线）、规划布局和设备选型等合理性，评价噪声防治对策的适用性和防治效果，提出需要增加的噪声防治对策、噪声污染管理、噪声监测及跟踪评价等方面的建议，并进行技术、经济可行性论证。不同的噪声污染源有不同的评价和防治要求。

（1）对于工业（工矿企业和事业单位）建设项目，评价范围内有声环境保护目标时，噪声防治措施应根据建设项目投产后厂界（或场界、边界）噪声影响最大噪声贡献值及声环境保护目标制定。

（2）交通运输类建设项目（如公路、铁路、城市轨道交通、机场项目等）的噪声防治措施应针对建设项目代表性评价水平年的噪声影响预测值分期制定。铁路建设项目的噪声防治措施还应同时满足铁路边界噪声排放标准要求。

结合工程特点和环境特点，在交通流量较大的情况下，铁路、城市轨道交通、机场等项目，还需考虑单列车通过（$L_{Aeq,Tp}$）、单架航空器通过（L_{Amax}）时噪声对声环境保护目标的影响，进一步强化控制要求和防治措施。

（3）当声环境质量现状超标时，属于与本工程有关的噪声问题应一并解决；属于本工程和工程外其他因素综合引起的，应优先采取措施降低本工程自身噪声贡献值，并推动相关部门采取区域综合整治等措施逐步解决相关噪声问题。

当工程评价范围内涉及主要保护对象为野生动物及其栖息地的生态敏感区时，应从优化工程设计和施工方案、采取降噪措施等方面强化控制要求。

7.6.2 防治途径

噪声防治措施主要集中在规划防治、技术防治和管理措施三个方面。

7.6.2.1 规划防治对策

主要指从建设项目的选址（选线）、规划布局、总图布置和设备布局等方面进行调整，提出减少噪声影响的建议。如采用"闹静分开"和"合理布局"的设计原则，高噪声设备尽可能远离噪声敏感区，优化建设项目选址（选线），或调整规划用地布局等。

7.6.2.2 技术防治措施

声音的三要素是声源、传播途径、接受者，因此，噪声技术防治措施可以从这三个内容展开。

1. 声源上降低噪声的措施

① 改进机械设计，如在设计和制造过程中选用发声小的材料来制造机件，改进设备结构和形状、改进传动装置以及选用已有的低噪声设备等。
② 采取声学控制措施，如对声源采用消声、隔声、隔振和减振等措施。
③ 维持设备处于良好的运转状态。
④ 改革工艺、设施结构和操作方法等。
⑤ 优先选用低噪声车辆、低噪声基础设施、低噪声路面。

2. 噪声传播途径上降低噪声措施

① 在噪声传播途径上增设吸声、声屏障等措施。
② 利用自然地形物（如利用位于声源和噪声敏感区之间的山丘、土坡、地堑、围墙等）降低噪声。
③ 将声源设置于地下或半地下的室内等。
④ 合理布局声源，使声源远离声环境保护目标等。

3. 声环境保护目标自身防护措施

① 受声者自身增设吸声、隔声等措施。
② 合理布局噪声敏感区中的建筑物功能和合理调整建筑物平面布局。
③ 声环境保护目标功能置换或拆迁。

7.6.2.3 管理措施

主要包括提出环境噪声管理方案（如制定合理的施工方案、优化飞行程序等），制定噪声监测方案，提出降噪减噪设施的使用运行、维护保养等方面的管理要求，提出跟踪评价要求等。

7.6.3 典型建设项目噪声防治措施

7.6.3.1 工业（工矿企业和事业单位）噪声防治措施

① 应从选址、总图布置、声源、声传播途径及声环境保护目标自身等方面分别给出噪声防治的具体方案。主要包括：选址的优化方案及其原因分析，总图布置调整的具体内容及其降噪效果（包括边界和声环境保护目标）；给出各主要声源的降噪措施、效果和投资。

② 设置声屏障，对敏感建筑物进行噪声防护，分析降噪效果，并进行经济、技术可行性论证。

③ 在符合《城乡规划法》中规定、可对城乡规划进行修改的前提下，提出厂界（或场界、边界）与敏感建筑物之间的规划调整建议。

④ 提出噪声监测计划等对策建议。

7.6.3.2 公路、城市道路交通噪声防治措施

① 通过不同选线方案的声环境影响预测结果，分析声环境保护目标受影响的程度，提出优化的选线方案建议。

② 根据工程与环境特征，给出局部线路调整、声环境保护目标搬迁、临路建筑物使用功能变更、改善道路结构和路面材料、设置声屏障和对敏感建筑物进行噪声防护等具体的措施方案及其降噪效果，并进行经济、技术可行性论证。

③ 在符合《城乡规划法》中规定、可对城乡规划进行修改的前提下，提出城镇规划区段线路与敏感建筑物之间的规划调整建议。

④ 给出车辆行驶规定及噪声监测计划等对策建议。

7.6.3.3 铁路、城市轨道噪声防治措施

① 通过不同选线方案声环境影响预测结果，分析声环境保护目标受影响的程度，提出优化的选线方案建议。

② 根据工程与环境特征，给出局部线路和站场调整，声环境保护目标搬迁或功能置换，轨道、列车、路基（桥梁）、道床的优选，列车运行方式、运行速度、鸣笛方式的调整，设置声屏障和对敏感建筑物进行噪声防护等具体的措施方案及其降噪效果，并进行经济、技术可行性论证。

③ 在符合《城乡规划法》规定、可对城乡规划进行修改的前提下，提出城镇规划区段铁路（或城市轨道交通）与敏感建筑物之间的规划调整建议。

④ 给出车辆行驶规定及噪声监测计划等对策建议。

7.6.3.4 机场噪声防治措施

① 通过不同机场位置、跑道方位、飞行程序方案的声环境影响预测结果,分析声环境保护目标受影响的程度,提出优化的机场位置、跑道方位、飞行程序方案建议。

② 根据工程与环境特征,给出机型优选,昼间、傍晚、夜间飞行架次比例的调整,对敏感建筑物进行噪声防护或使用功能变更、拆迁等具体的措施方案及其降噪效果,并进行经济、技术可行性论证。

③ 在符合《城乡规划法》中明确的可对城乡规划进行修改的前提下,提出机场噪声影响范围内的规划调整建议。

④ 给出飞机噪声监测计划等对策建议。

思考题

1. 确定噪声环境影响评价等级划分和评价范围的要求有哪些?
2. 噪声环境现状监测内容有哪些?
3. 开展噪声环境影响一级评价的主要内容是什么?
4. 简述常用的噪声环境保护措施。
5. 某锅炉排气筒 3 m 处测得噪声值为 75 dB,若该项目厂界噪声标准执行 2 类标准,请问至少应离锅炉多远处,厂界昼间噪声可达标(不考虑背景噪声)。
6. 电厂排汽筒(直径 1 m)排出蒸汽产生噪声,距排汽筒 2 m 处测得噪声为 80 dB,排气筒距居民楼 12 m,居民楼背景噪声为 45 dB,问排汽筒噪声在居民楼处是否超标(声环境执行 2 类标准)?如果超标应离开多少米?

8 生态环境影响评价

生态是指生物与环境之间的相生相克，一方面环境决定和塑造了生物，另一方面生物也适应和改造环境。生态环境影响因子众多，其中包括气候变暖、泥石流、地震、滑坡等诸多自然因素，也包括开挖修路、水利水电工程、输油管线、矿山开采等人为活动。一般来讲，分析人为因素，即人类活动对生态系统及其组成因子的影响是生态环境影响评价的重点。

开展生态环境影响评价，是在现状评价的基础上，分析建设项目的施工、运行等主要工程行为对生态环境的影响，提出可行的生态环境保护措施，主要内容包括：

（1）预测建设项目对植物、动物、非生物环境的影响。

（2）预测建设项目对自然保护区等生态环境敏感保护目标的影响。

（3）分析项目各阶段生态环境保护措施的合理性。

8.1 概述

8.1.1 基本概念

8.1.1.1 生态系统相关的基本概念

1. 生态因子

自然环境中，对生物的生命活动起直接作用的环境要素叫作生态因子。如阳光、水、风、土壤等。

2. 物种

关于什么是物种有不同的观点，多数分类学家主要以形态特征作为区分物种的依据。一般来讲，物种是由内在因素（生殖、遗传、生理、生态、行为）联系起来的个体的集合，是自然界中一个基本进化单位和功能单位。

重要物种是指在生态影响评价中需要重点关注、具有较高保护价值或保护要求的物种，包括国家及地方重点保护野生动植物名录所列的物种，《中国生物多样性红色名录》中列为极危、濒危和易危的物种，国家和地方政府列入拯救保护的极小种群物种、特有种以及古树名木等。

3. 生物群落

生物群落是指在特定空间或特定生境下，与环境之间相互影响、相互作用，具有一定的生物种类组成、外貌和结构，以及具有特定功能的生物集合体。

4. 生物多样性

生物多样性是指生命有机体及其赖以生存的生态综合体的多样化和变异性，一般分为遗传多样性、物种多样性、生态系统与景观多样性三个层次。

5. 生境

生境也称为栖息地，是生物或其群体具体居住地段的所有生态因子的总体。生境大体上可分为海洋、河口湾、江河湖泊、沼泽湿地、陆地、岛屿六大类型。

6. 植被覆盖率

植被覆盖率是指某一地域植物垂直投影面积与该地域面积之比，通常用百分数表示。

7. 景观

景观是景观生态学中的概念，指一个空间异质性的区域，由相互作用的拼块或生态系统组成，以相似的形式重复出现。

8. 生态空间

根据《关于划定并严守生态保护红线的若干意见》(2017年2月7日)，生态空间是指具有自然属性、以提供生态服务或生态产品为主体功能的国土空间，包括森林、草原、湿地、河流、湖泊、滩涂、岸线、海洋、荒地、荒漠、戈壁、冰川、高山冻原、无居民海岛等。

9. 生态系统

生态系统是指在一定空间里共同栖居着的所有生物（即生物群落）与环境之间由于不断地进行物质循环和能量流动过程而形成的统一体。地球上的森林、草原、海洋、河流与湖泊等，不仅它们的外貌有区别，生物组成也各有其特点，并且其中的生物和非生物构成了一个相互作用的生态系统。生态系统中营养物质的循环和能量的流动一经破坏和停止，整个系统就随之崩溃。

10. 生态系统的组成

任何生态系统都是由两部分组成的，即生物部分（生物群落）和非生物部分（环境因素）。生物部分包括植物群落（生产者）、动物群落（消费者）和微生物群落（分解者或还原者），非生物部分包括所有的物理和化学因子，如光照、温度、降水、土壤、地形和营养物质等。

非生物环境、生产者和分解者，对于任何一个生态系统来说，是必不可少的基本成分。如果没有非生物环境，则生产者没有光能来源和无机原料，从而无从生产，其他生物也就没有食物能源；如果没有生产者，其他生物均不会存在；如果没有分解者，死亡的有机体和排泄物不断积累，生态系统也就不能持续地运转和存在下去。因此，维持生态平衡、保护生态系统各主要因子是非常重要的。

11. 生态系统的类型

按生态系统的形成和影响可将生态系统分为自然生态系统、人工生态系统和半自然生态系统。由于人类活动及其影响几乎遍及世界的每个角落，地球上未受人类干扰的纯粹的自然生态系统极少，如人类难以到达的原始森林、远洋深海、冻原带等地方。大部分的生态系统是半人工、半自然的生态系统，如农业生态系统、天然放牧的草场、次生林等。甚至有完全是人工建造的生态系统，如城市生态系统。依据生境不同，生态系统可划分为水体生态系统、陆地生态系统和湿地生态系统。

8.1.1.2 生态环境影响的基本概念

1. 生态影响

生态影响是指工程占用、施工活动干扰、环境条件改变、时间或空间累积作用等，直接或间接导致物种、种群、生物群落、生境、生态系统以及自然景观、自然遗迹等发生的变化。生态影响可划分为不利影响和有利影响，或可逆影响和不可逆影响，或直接影响、间接影响和累积影响等。

直接生态影响：建设项目所导致的不可避免的、与该项目建设与运行同时同地发生的生态影响。

间接生态影响：建设项目及其直接生态影响所诱发的、与该项目建设与运行不在同一地点或不在同一时间发生的生态影响。

累积生态影响：建设项目与其他经济社会活动各个组成部分之间或者该活动与其他相关活动（包括过去、现在、未来）之间造成生态影响的相互叠加。

2. 生态环境影响预测

生态环境影响预测是指科学地分析和预估某一生态系统在受到外来作用时所发生的变化和响应，对某种生态环境的影响是否显著、严重及可否为社会和生态接受。

3. 生态监测

运用物理、化学或生物等方法对生态系统或生态系统中的生物因子、非生物因子状况及其变化趋势进行的测定、观察。

4. 生态保护目标

生态保护目标是指受影响的重要物种、生态敏感区以及其他需要保护的物种、种群、生物群落及生态空间等。

5. 生态敏感区

生态敏感区包括法定生态保护区域、重要生境以及其他具有重要生态功能、对保护生物多样性具有重要意义的区域。

其中，法定生态保护区域包括：依据法律法规、政策等规范性文件划定或确认的国家公园、自然保护区、自然公园等自然保护地、世界自然遗产、生态保护红线等区域；

重要生境包括：重要物种的天然集中分布区、栖息地，重要水生生物的产卵场、索饵场、越冬场和洄游通道，迁徙鸟类的重要繁殖地、停歇地、越冬地以及野生动物迁徙通道等。

6. 自然保护地

根据 2019 年颁布的《关于建立以国家公园为主体的自然保护地体系的指导意见》，自然保护地是由各级政府依法划定或确认，对重要的自然生态系统、自然遗迹、自然景观及其所承载的自然资源、生态功能和文化价值实施长期保护的陆域或海域。按照自然生态系统原真性、整体性、系统性及其内在规律，依据管理目标与效能并借鉴国际经验，将自然保护地按生态价值和保护强度高低依次分为国家公园、自然保护区、自然公园 3 类。

国家公园：是指以保护具有国家代表性的自然生态系统为主要目的，实现自然资源科学保护和合理利用的特定陆域或海域，是我国自然生态系统中最重要、自然景观最独特、自然遗产最精华、生物多样性最富集的部分，保护范围大，生态过程完整，具有全球价值、国家象征，国民认同度高。

自然保护区：是指保护典型的自然生态系统、珍稀濒危野生动植物种的天然集中分布区、有特殊意义的自然遗迹的区域。具有较大面积，确保主要保护对象安全，维持和恢复珍稀濒危野生动植物种群数量及赖以生存的栖息环境。

自然公园：是指保护重要的自然生态系统、自然遗迹和自然景观，具有生态、观赏、文化和科学价值，可持续利用的区域。确保森林、海洋、湿地、水域、冰川、草原、生物等珍贵自然资源，以及所承载的景观、地质地貌和文化多样性得到有效保护。包括森林公园、地质公园、海洋公园、湿地公园等各类自然公园。

在全国自然保护地体系中，国家公园处于主体地位。国家公园建立后，在相同区域一律不再保留或设立其他自然保护地类型。目前，我国已经开展了三江源、东北虎豹、大熊猫、祁连山、海南热带雨林、神农架、武夷山、钱江源、南山、普达措 10 个国家公园试点，总面积 22.29 万 km^2，涉及吉林、黑龙江、浙江、福建、湖北、湖南、海南、四川、云南、陕西、甘肃、青海 12 个省份。

8.1.2 生态环境影响的特点

（1）生态环境变化是从量变到质变的过程，体现累积性的特点，即生态系统在外力作用下，其变化起初是不显著的，或不为知道，但当这种变化到一定程度，就显然、突然、显著地和出人意料的结果显示出来。

（2）生态环境影响是具有区域性和流域性的特点，即一地发生的生态恶化会殃及其他地区。

（3）生态环境影响具有高度相关和综合性的特点，生态因子之间的联系非常复杂。即不管影响到生态系统什么因子，其影响效应是系统性、整体性的。

生态环境影响具有区域性、累积性、综合性的特点，这与生态因子间的复杂联系密切相关。例如，在河流上修建水库这一开发建设行为，所需要考虑的从因素包括上游河水利用所产生的污染源会使水库水质恶化，开发建设过程所产生的建筑垃圾、生活垃圾等会影响库区的水质，上游河段的水土流失会增加水库的淤积。因此，水库的水质、水生生态与库区周边的植被、陆地、上游河段的生态环境现状，以及人类开发活动是高度相关的。所以生态环境影响不仅涉及自然问题，还常常涉及社会和经济问题。

8.1.3 生态环境影响评价的基本原理

生态系统是人类社会和环境的"联结点"，生态系统的变化在所有环境问题中的地位日益醒目。实践表明，人类活动对生态系统的影响应当被看作是"环境危机"中的主要问题之一。为了有效地保护生态环境，需要遵循如下一些基本原理。

1. 保护生态系统结构的完整性

生态系统的功能是以系统完整的结构和良好的运行为基础的，是系统结构特点和质量的外在体现，高效的功能取决于稳定的结构和连续不断的运行过程。因此，生态环境保护也是从功能保护和系统结构保护为重点。

生态系统结构的完整性包括：

① 地域连续性：分布地域的连续性是生态系统存在和长久维持的重要条件。由于人类开发利用土地的规模越来越大，将野生生物的生境切割成一块块越来越小的处于人类包围中的"岛屿"，使之成为易受干扰和破坏的岛状环境，破坏了生态系统的完整性，也加速了物种灭绝的速度。

② 物种多样性：物种多样性是构成生态系统多样性的基础，也是使生态系统趋于稳定的重要因素。在生态系统中，每一个物种的损失或灭绝增加了其余物种灭绝的危险；当物种损失到一定程度时，生态系统就会彻底被破坏。

③ 生物组成的协调性：植物之间、动物之间、动物和植物之间形成的组成协调性，是生态系统结构整体性和维持系统稳定性的重要条件，破坏了这种协调关系，就可能使生态平衡受到严重破坏。

④ 环境条件匹配性：土壤、水、植被三者是构成生态系统的支柱，其匹配性对生态系统的盛衰具有决定意义。

2. 保持生态系统的再生产能力

生态系统都有一定的再生和恢复功能。一般来说，生态系统的层次越多，结构越复杂，系统越趋于稳定，受到外力干扰后，恢复其功能的自我调节能力也越强。相反，越是简单的系统越是显得脆弱，受到外力作用后，其恢复能力也越弱。保持生态系统的再生能力，一般应遵循如下基本原理：

① 保护一定的生境范围或寻求条件类似的替代生境，使生态系统得以就地恢复

或易地重建。

② 保持生态系统恢复或重建所必须的环境条件。

③ 保护尽可能多的物种和生境类型，使重建成恢复后的生态系统趋于稳定。

④ 保护优势种、建群种。

⑤ 保护居于食物链顶端的生物及其生境。

⑥ 对于退化中的生态系统，应保证主要生态条件的改善。

⑦ 以可持续的方式开发利用生物资源。

3. 以生物多样性保护为核心

生物多样性对维持人类的生存与发展有着无可替代的意义，为有效保护生物多样性，应遵循如下基本原则。

① 避免物种濒危和灭绝：这是针对物种大规模灭绝而采取的一种应急措施，主要采取建立自然保护区、捕获繁殖、重新引种、试管受精技术以及建立种子、胚胎和基因库等方法保存物种和基因。

② 防止生境损失和干扰：对大多数野生生物来说，最大的威胁来自其生境被分割、缩小、破坏和退化。生境改变一般是将高生物多样性的自然生态系统变为低生物多样性的半自然生态系统，或将大面积连片的生态系统分割成一个个"孤岛"，形成脆弱的"岛屿"生境。生境的这些改变对生物多样性影响十分巨大，有些是毁灭性的。

③ 保持生态系统的自然性：人类活动的干预过多会使生态系统失去自然性，导致生物多样性的侵蚀。生物多样性保护不单单是保护物种，而且也需保护物种间关系以及演化过程和生态过程。因此，尽可能保持生态系统的自然性，减少任何人为的干预。改善和建设是生物多样性保护的法则之一。

④ 可持续利用生态资源：人类开发利用生态资源的方式和强度直接影响生物多样性。因此，要从可持续发展的角度出发，避免商业性的过度采伐、猎捕和更替，以实现生态资源的永续利用，保护生物多样性。

4. 关注特殊性问题

特殊的生态系统、生境、生态因子或特别需要保护的生态目标，或因具有特殊的生态环境功能（如生物多样性高，或是珍稀濒危生物生境、水源地等），或因其具有典型的生物地理代表性，或具有较大的进化潜力，或有特别的历史文化、科学研究或其他特别的价值，或因其具有稀有性特点（如热带雨林、原始森林等重要生境以及生态脆弱带）等等，在生态环境保护中必须给予特别的关注和重视。

5. 解决重大生态环境问题

将解决重大生态环境问题与恢复和提高生态环境功能紧密结合，以适应经济、社会发展和人类精神文明发展不断增长的需要。生态环境影响评价应根据开发建设活动的影响方式和影响程度，鉴别可能引起的生态环境问题，并采取措施进行预防。

8.1.4 相关标准

（1）《环境影响评价技术导则 生态影响》（HJ 19）

1997年原国家环境保护局颁布《环境影响评价技术导则 非污染生态影响》（HJ/T 19），之后相继于2011年、2022年进行了修订，并修订为《环境影响评价技术导则 生态影响》（HJ 19）。标准规定了生态影响评价的一般性原则、工作程序、内容、方法及技术要求。

（2）与生态环境保护相关的其他标准

生态环境保护是环境保护中的重要内容，我国先后颁布了许多与生态环境有关的法规与标准，包括《生态环境规划编制技术导则 总纲》（HJ 1359）、《湿地生态质量评价技术规范》（HJ 1339）、《荒漠化区域生态质量评价技术规范》（HJ 1338）、《全国生态状况调查评估技术规范——生态问题评估》（HJ 1174）、《全国生态状况调查评估技术规范——生态系统质量评估》（HJ 1172）等。

8.2 生态环境影响评价等级及范围

8.2.1 评价等级划分

依据建设项目影响区域的生态敏感性和影响程度，将生态影响评价工作等级划分为一级、二级和三级，如表8-2-1所示。

表8-2-1 生态影响评价工作等级划分表

评价等级	生态敏感区	地表水环境	地下水环境	工程规模
一级	国家公园、自然保护区、世界自然遗产、重要生境	—	—	—
二级	自然公园	—	—	—
不低于二级	生态保护红线	水文要素影响型项目且地表水评价等级不低于二级	依据HJ610、HJ964判断地下水水位或土壤影响范围内分布有天然林、公益林、湿地等生态保护目标	工程新增占地面积大于20 km²（包括临时和永久性占地）
三级	其余项目	其余项目	其余项目	其余项目

其他要求：

① 当评价工作等级同时符合以上多种情况时，应按其中最高的等级进行评价。

② 建设项目涉及经论证对保护生物多样性具有重要意义的区域时，可适当上调评价等级。

③ 建设项目同时涉及陆生、水生生态影响时，可针对陆生生态、水生生态分别判定评价等级。

④ 在矿山开采可能导致矿区土地利用类型明显改变，或拦河闸坝建设可能明显改变水文情势等情况下，评价等级应上调一级。

⑤ 线性工程可分段确定评价等级。线性工程地下穿越或地表跨越生态敏感区，在生态敏感区范围内无永久、临时占地时，评价等级可下调一级。

⑥ 涉海工程评价等级判定参照涉海工程评价等级判定参照《海洋工程环境影响评价技术导则》（GB/T 19485）。

⑦ 符合生态环境分区管控要求且位于原厂界（或永久用地）范围内的污染影响类改扩建项目，位于已批准规划环评的产业园区内且符合规划环评要求、不涉及生态敏感区的污染影响类建设项目，可不确定评价等级，直接进行生态影响简单分析。

8.2.2 评价范围确定

生态影响评价应能够充分体现生态完整性和生物多样性保护要求，涵盖评价项目全部活动的直接影响区域和间接影响区域。评价范围应依据评价项目对生态因子的影响方式、影响程度和生态因子之间的相互影响和相互依存关系确定。可综合考虑评价项目与项目区的气候过程、水文过程、生物过程等生物地球化学循环过程的相互作用关系，以评价项目影响区域所涉及的完整气候单元、水文单元、生态单元、地理单元界限为参照边界。

在实际工作中，生态环境影响评价范围与项目性质、涉及敏感目标情况有关。涉及占用或穿（跨）越生态敏感区时，应考虑生态敏感区的结构、功能及主要保护对象合理确定评价范围。

1. 线性工程

线性工程穿越生态敏感区时，以线路穿越段向两端外延 1 km、线路中心线向两侧外延 1 km 为参考评价范围，实际确定时应结合生态敏感区主要保护对象的分布、生态学特征、项目的穿越方式、周边地形地貌等适当调整。主要保护对象为野生动物及其栖息地时，应进一步扩大评价范围；涉及迁徙、洄游物种的，其评价范围应涵盖工程影响的迁徙洄游通道范围。

穿越非生态敏感区时，以线路中心线向两侧外延 300 m 为参考评价范围。

2. 陆上机场项目

陆上机场项目以占地边界外延 3~5 km 为参考评价范围，实际确定时应结合机场类型、规模、占地类型、周边地形地貌等适当调整。涉及有净空处理的，应涵盖净空处理区域。航空器爬升或进近航线下方区域内有以鸟类为重点保护对象的自然保护地和鸟类重要生境的，评价范围应涵盖受影响的自然保护地和重要生境范围。

3. 矿山开采项目

矿山开采项目评价范围应该涵盖开采区及其影响范围,各类场地及运输系统占地以及施工临时占地范围等。

4. 水利水电类项目

水利水电项目评价范围应涵盖枢纽工程建筑物、水库淹没、移民安置等永久占地、施工临时占地以及库区坝上、坝下地表地下、水文水质影响河段及区域、受水区、退水影响区、输水沿线影响区等。

5. 污染影响类建设项目

污染影响类建设项目评价范围应该涵盖直接占用区域以及污染物排放产生的间接生态影响区域。

8.3 生态影响源强分析与环境影响识别

8.3.1 工程分析

生态影响型项目的工程分析内容应包括工程概况、施工规划与运行方式、生态环境影响源强分析、主要污染物排放情况分析、替代方案分析等内容。

通常需要依据项目设计文件及类比工程资料,明确项目所处的地理位置、建设规模、工程类型、总平面及施工布置、施工方式、施工时序、建设周期、运行方式、替代方案等。明确项目组成情况,了解各种工程行为及其发生的地点、时间、方式和持续时间,以及设计方案中的生态环境保护措施等。

(1) 内容全面:应分析建设项目全部组成内容,除主体工程外,还应该包括辅助工程、配套工程、公用工程、环境保护工程及相关的其他工程,比如工程建设开通的进场道路、施工道路、工业作业场地、重要原材料的生产(原料生产、采石场、取土场)、储运设施、污染控制工程、绿化工程、迁建补建工程、施工队伍驻地和拆迁居民安置地等。

(2) 全过程识别:在项目实施的时间序列上,应分析建设项目在施工期、运营期可能产生生态环境影响的全部工程行为及其影响方式,判断生态环境影响性质和影响程度。有的项目甚至还包括勘探设计期(如石油天然气钻探、公路铁路选址选线和规划施工布局)和服务期满(如矿山闭矿、渣场封闭与复垦)的影响识别。

(3) 替代方案分析:对工程设计文件中包括工程位置、工程规模、平面布局、工程施工及运行方式等不同比选方案时,应进行替代方案分析。设计文件中的方案均涉及占用生态敏感区,或明显可能对生态环境保护目标产生不良环境影响的,应补充提出基于减缓生态环境影响考虑的比选方案。

另外，工程分析应对比分析工程不同作业方式的影响，如机械作业或手工作业、集中开发建设地区和分散的影响点、永久占地与临时占地等作用方式等内容。

8.3.2 工程影响因素分析

根据评价项目自身特点、区域生态特点以及评价项目与影响区域生态系统的相互关系，分析生态影响源及其强度，明确建设项目在施工期、运行期和退役期（可根据项目情况选择）等不同阶段的工程行为与生态环境要素之间的关系，主要内容包括：

a. 可能产生重大生态影响的工程行为；
b. 与生态敏感区有关的工程行为；
c. 可能产生间接、累积生态影响的工程行为；
d. 可能造成重大资源占用和配置的工程行为。

工程影响因素分析应建立在对工程性质和内容的全面了解和深入认识的基础上，通过详细研读工程的设计资料，包括可行性研究报告、初步设计等，进行必要的类比项目调查（调查已建同类项目）。深入了解建设者的规划思想和前期准备情况，随时了解项目的动态变化，是做好影响因素识别的基本条件。

8.3.3 生态环境影响评价的对象

2022年颁布的《环境影响评价技术导则 生态影响》（HJ 19）弱化了敏感生态环境问题的分析评价，将生态环境影响评价的对象归为两大部分：生态系统、敏感生态保护目标。

8.3.3.1 生态系统

生态系统包括生态系统组成和系统结构、功能等部分。其中生态系统组成包括生物和非生物部分，而生物部分包括植物、动物、微生物，非生物部分包括外部环境，即光照、温度、降水、土壤、地形和营养物质等；系统结构和功能等部分包括生态系统的功能、结构、生物多样性等等。

1. 生物部分

从生物组成部分分析，生态环境保护的主要对象是受影响区域的动物（包括人工饲养、野生动物、常见动物、珍稀保护动物等）、植物（包括农田植被、人工林、天然林、珍稀保护物种、地方特有物种等）。

识别评价范围内的保护物种是生态环境影响评价的重要内容。通常情况下，若评价范围内涉及列入国家及地方重点保护野生动物、植物名录的重点保护动物的物种，应该作为评价对象。

同时，列入世界自然保护联盟《濒危物种红色名录》、《中国生物多样性红色名录》以及地方发布的物种红色名录中列为极危、濒危和易危的受威胁物种，还有列入《全国极小种群野生植物拯救保护工程规划（2011—2015年）》的极小种群野生植物和列入《中国生物多样性红色名录》及相关文献资料的中国特有种等，也应该是评价重点。

另外还应该包括未列入以上名录的重要经济水生生物和有重要生态、科学、社会价值的陆生野生动物，以及旗舰种、关键种、伞护种等。

2. 非生物部分

非生物环境与生物之间相互依赖、相互影响、相互适应，是构成生态系统的重要组成部分。非生物能够提供生物生存需要的营养元素，是生物赖以生存的物质和能量的源泉。

建设项目对非生物环境的影响主要涉及的是由于占地开挖而引起的区域地形、土壤、景观等环境变化，或如水利水电项目等可能引起的区域温度、降水等气候条件的变化。

3. 生态系统结构、功能等

我国生态系统类型多种多样，仅陆生生态系统就有森林、灌丛、草原和稀树草原、草甸、荒漠、高山冻原等不同类型，由于不同的气候、土壤等条件，又可以进一步分为各种亚类型约600种。

不同的生态系统类型，具有不同的结构和功能。生态系统的结构和功能的研究通常需要结合生态功能区划，从种群结构、物种组成、资源时空分布、生境破碎化程度、土地利用、生态空间布局等内容展开分析。如建设项目新增占地会导致土地利用性质的永久性改变，使土地会失去原有利用功能，进一步引起区域生态系统结构和功能的变化。

8.3.3.2 敏感生态保护目标

1. 自然保护地

生态环境敏感保护目标应该以自然保护地为主，即由各级政府依法划定或确认，实施长期保护的陆域或海域，包括重要的自然生态系统、自然遗迹、自然景观等，主要有国家公园、自然保护区、自然公园3类。

2. 生态保护红线

生态保护红线是我国特有的概念，是结合我国生态保护实践，根据需要提出的创新性举措。生态保护红线是指在生态空间范围内具有特殊重要生态功能、必须强制性严格保护的区域，是保障和维护国家生态安全的底线和生命线，通常包括具有重要水源涵养、生物多样性维护、水土保持、防风固沙、海岸生态稳定等生态功能的重要区域，以及水土流失、土地沙化、石漠化、盐渍化等生态环境敏感脆弱区域。

3. 重要生境

重要生境是指通过资料收集、专家咨询、初步野外调查等手段识别的国家及地方重点保护野生动植物，极危、濒危和易危物种，极小种群野生植物以及特有种的集中分布区、重要栖息地，重要经济水生生物的产卵场、索饵场、越冬场、洄游通道等，候鸟的重要繁殖地、越冬地、停歇地，已明确作为栖息地保护的河流和区域以及生态廊道等。特别是指未列入自然保护地、生态保护红线等主要生态敏感区的区域。

另外，天然林（包括原生林和次生林、森林公园等）、天然海岸；潮间带滩涂；河口和河口湿地；湿地与沼泽；红树林与珊瑚礁；无污染的天然溪流、河道；自然属性较高的草原、草山、草坡等，应该纳入生态环境保护的目标。

4. 脆弱生态系统

脆弱生态系统是指受外力作用后较难恢复的生态系统。

脆弱生态系统的一般特征是自然生产力低下、生产力受到局部气候、地形、地表物质或土壤等某种因子的限制，或存在敏感生态限制因子。在全球范围内，相对脆弱的生态系统是岛屿生态系统、干旱区生态系统、高寒带生态系统等。我国主要的脆弱生态系统包括海陆交界带、山地平原过渡带、农牧交错带、绿洲-荒漠交界带、严重水土流失区、地质灾害易发区、受污染影响严重的地区、城乡结合部。

8.3.4 生态环境影响识别

1. 影响效应的识别

影响效应的识别主要是识别生态环境影响的性质、程度、可能性。

① 影响性质：环境影响是正影响还是负影响，是可逆影响还是不可逆影响，是长期影响还是短期影响，是累积性影响还是非累积性影响。

② 影响程度：影响发生的范围大小，持续时间的长短等。

③ 影响的可能性：即发生影响的可能性与几率。影响的可能性可按极小、可能、很可能来识别。

2. 影响类型的识别（表 8-3-1）

在生态影响识别过程中，直接生态影响是指特定活动对某一特定生态保护目标的影响，不存在通过与其他生态因子相互作用产生的任何形式的调节。实际上，对直接和间接生态影响进行绝对区分并不十分重要，保证与某一特定活动相关的所有生态影响得到识别，并重视生态影响相互作用的机制更为重要。

表 8-3-1　影响类型识别

生态影响主要类型	举例
直接生态影响	临时、永久占地导致生境直接破坏或丧失；工程施工、运营导致个体直接死亡；物种迁徙（或洄游）、扩散、种群交流受到阻隔；施工活动以及运营期噪声、振动、灯光等对野生动物行为产生干扰；生境破碎化等
间接生态影响	生境面积和质量下降导致个体死亡、种群数量下降或种群生存能力降低；资源减少、分布变化等导致种群结构或种群动态发生变化；因阻隔影响造成种群间基因交流减少，最终导致小种群灭绝风险增加；生境破碎化造成边缘效应增加，导致物种和生境组成发生变化，或生物多样性的降低；滞后效应（如，由于关键种的消失使得捕食者和被捕食者的关系发生变化）等
累积生态影响	整个区域生境的逐渐丧失和破碎化；在景观尺度上生境的多样性减少；不可逆转的生物多样性的丢失；生态系统稳定性的破坏等

8.4　生态环境现状调查与评价

8.4.1　生态环境现状调查

8.4.1.1　生态环境现状调查要求

生态环境现状调查是进行生态环境现状评价、影响预测的基础。开展生态现状调查之前，首先应充分收集资料，并结合项目情况进行现场勘察。调查项目生态环境现状时，应特别关注工程永久性占用或施工临时占用区域的重要物种和重要生境分布情况。

生态环境现状调查的范围应不小于评价工作的范围。

1. 一级、二级评价要求

开展陆生生态样线、样方调查时，宜根据植物群落类型设置调查样地。一级评价每种群落类型设置的样方数量不少于 5 个，二级评价不少于 3 个，调查时间宜选择植物生长旺盛季节。一级评价每种生境类型设置的野生动物调查样线不少于 5 条，并获得近 1~2 年个完整年度不同季节的现状资料；二级评价调查样线不少于 3 条，并尽量获得野生动物繁殖期、越冬期、迁徙期等关键活动期的现状资料。

水生生态一级、二级评价的调查点位、断面等应涵盖评价范围内的干流、支流、河口、湖库等不同水域类型。一级评价应至少开展丰水期、枯水期（河流、湖库）或春季、秋季（入海河口、海域）两期（季）调查，二级评价至少获得一期（季）调查资料，涉及显著改变水文情势的项目应增加调查强度。鱼类调查时间应包括主要繁殖期，水生生境调查内容应包括水域形态结构、水文情势、水体理化性状和底质等。

2. 三级评价要求

三级评价现状调查以收集资料为主，必要时可开展遥感调查或现场校核。

8.4.1.2 现状调查方法

1. 资料收集法

开展生态环境现状调查，需要收集现有的能反映生态现状或生态背景的资料。根据项目建设类型，需要收集的资料可分为文字和图形资料，范围涉及农、林、牧、渔和环境保护部门，内容包括已有项目的环境影响报告书、有关污染源调查、生态保护规划、生态功能区划、生态敏感目标的基本情况以及其他生态调查材料等。

使用资料收集法时，应保证资料的现时性，引用资料必须建立在现场校验的基础上。生态环境现状调查中引用的现状资料，时间宜在 5 年内，回顾性评价和变化趋势分析的资料可不受时间限制。

2. 现场勘查法

现场勘查应遵循整体与重点相结合的原则，在综合考虑主导生态因子结构与功能完整性的同时，突出重点区域和关键时段的调查，并通过对影响区域的实际踏勘，核实收集资料的准确性，以获取实际资料和数据。

3. 专家和公众咨询法

专家和公众咨询法是对现场勘查的有益补充。通过咨询有关专家，收集评价工作范围内的公众、社会团体和相关管理部门对项目影响的意见，发现现场踏勘中遗漏的生态问题。专家和公众咨询应与资料收集和现场勘查同步开展。

4. 生态监测法

当资料收集、现场勘查、专家和公众咨询提供的数据无法满足评价的定量需要，或项目可能产生潜在的或长期累积效应时，可考虑选用生态监测法。生态监测应根据监测因子的生态学特点和干扰活动的特点确定监测位置和频次，有代表性地布点。生态监测方法与技术要求须符合国家现行的有关生态监测规范和监测标准分析方法；对于生态系统生产力的调查，必要时需现场采样、实验室测定。

5. 遥感调查法

当涉及区域范围较大或主导生态因子的空间等级尺度较大，通过人力踏勘较为困难或难以完成评价时，可采用遥感调查法。遥感调查过程中必须辅助必要的现场勘查工作。

另外，生态环境现状调查还有海域生态调查方法、水库渔业资源调查方法等。

8.4.1.3 生态环境现状调查示例

1. 植物样方调查

样方调查中首先须确定样地大小，一般草本的样地在 1 m^2 以上，灌木样地在 10 m^2

以上，乔木样地在 100 m² 以上，样地大小依据植株大小和密度确定。其次，须确定样地数目，样地的面积须包括群落的大部分物种，一般可用种与面积的关系曲线确定样地数目。样地的排列有系统排列和随机排列两种方式。样方调查中"压线"植物的计量须合理。

在样方调查（主要是进行物种调查、覆盖度调查）的基础上，可依下列方法计算植被中物种的重要值：

密度 = 个体数目 / 样地面积

相对密度 =（一个种的密度 / 所有种的密度）× 100%

优势度 = 底面积（或覆盖面积总值）/ 样地面积

相对优势度 =（一个种优势度 / 所有种的优势度）× 100%

频度 = 包含该种样地数 / 样地总数

相对频度 =（一个种的频度 / 所有种的频度）× 100%

重要值 = 相对密度 + 相对优势度 + 相对频度

2. 水生生态环境调查

水生生态系统有海洋生态系统和淡水生态系统两大类别，淡水生态系统又有河流（流水）生态系统和湖泊（静水）生态系统之别。建设项目的水生生态环境调查，一般应包括水质、水温、水文和水生生态群落的调查，同时应包括鱼类产卵场、索饵场、越冬场、洄游通道、重要水生生物及渔业资源等特别问题的调查。

水生生态调查一般按规范的方法进行，调查内容一般包括初级生产力、浮游生物、底栖生物、游泳生物和鱼类资源等调查，有时还有水生植物调查等。

① 初级生产量的测定：初级生产量的测定包括 O_2 测定、CO_2 测定。

② 浮游生物调查：浮游生物包括浮游植物和浮游动物，也包括鱼卵和幼鱼。浮游生物调查指标包括以下几个方面：

- 种类组成及分布：包括种及其门类等，不同水域的种类数（种/网）；
- 细胞总量：平均总量（个/m³）及其区域分布、季节分析；
- 生物量：单位体积水体中的浮游生物总重量（mg/m³）；
- 主要类群：按各种类的浮游生物的生态属性和区域分布特点进行划分；
- 主要优势种及其分布：细胞密度（个/立方米）最大的种类及其分布；
- 鱼卵和幼鱼的数量（粒/网或尾/网）、种类及其分布。

③ 底栖生物调查。

底栖生物活动范围小，常可作为水环境状态的指示性生物。底栖生物也是很多鱼类的饵类生物，它的丰富与否和水生生态系统的生产能力密切相关，因此在水生生态环境调查与评价中，底栖生物的调查与评价是必不可少的。

底栖生物的调查指标包括以下几个方面：
- 总生物量（g/m^2）和密度（个$/m^3$）；
- 种类及其生物量、密度：各种类的底栖生物及其相应的生物量、密度；
- 种类～组成～分布；
- 群落与优势种：群落组成、分布及其优势种；
- 底质：类型。

④ 潮间带生物调查。

海洋生态环境中，潮间带是一个特殊生境，也因而养育了特殊的潮间带生物。很多海岸建设工程会强烈地影响到潮间带生态环境，因此潮间带生物调查是很有必要的。潮间带生物调查的采样和标本处理按《海洋调查规范》（GB 12763）进行，一般按不同的潮区进行调查，其主要调查指标有以下几个方面：
- 种类组成与分布：鉴定潮间带生物种和类属；
- 生物量（g/m^2）和密度（个$/m^2$）及其分布，包括平面分布和垂直分布；
- 群落：群落类型和结构，按潮区分别调查；
- 底质：相应群落的底质类型（砂、岩、泥）。

⑤ 鱼类调查。

鱼类是水生生态调查的重点，一般调查方法有网捕、附加市场调查法等。鱼类调查既包括鱼类种群的生态学调查，也包括鱼类作为资源的调查。一般调查指标有以下几个方面：
- 种类组成与分布：区分目、科、属、种，相应的分布位置；
- 渔获密度、组成与分布：渔获密度（尾/网），相应的种类、地点；
- 渔获生物量、组成与分布：渔获生物量（g/网）及相应的种类、地点；
- 鱼类区系特征：不同温度区及其适宜鱼类种类，不同水层（上、中、底层）中的分布，不同水域（静水、流水、急流）鱼类分布；
- 经济鱼类和常见鱼类：种类、生产力；
- 特有鱼类：地方特有鱼类种类、生活史（食性、繁殖与产卵、洄游等）、特殊生境要求与利用、种群动态；
- 保护鱼类：列入国家和省级一、二类保护名录中的鱼类及其分布、生活史、种群动态和生境条件。

8.4.2 生态现状评价

8.4.2.1 生态现状评价内容

生态现状评价的对象主要是可能受项目影响的各生态要素，如物种、种群、生物群落、生境、生态系统以及自然景观、自然遗迹等，评价内容包括土地利用、植被、野生动植物、生态敏感区、生态系统等。

生态现状评价的具体内容与评价等级有关，一般三级评价可采用定性或定量指标，分析评价区域的主要生态环境保护目标现状，重点分析评价范围内的土地利用、植被、野生动植物等现状，并给出土地利用现状图、植被类型图、生态环境保护目标分布图等图件。一级、二级评价需要结合生态敏感区的情况开展评价，根据现状调查结果进行全面评价。具体内容可以参照表 8-4-1。

表 8-4-1　生态现状一级、二级评价参考内容

评价对象	评价内容
土地利用	分析评价范围内的土地利用类型及面积，给出土地利用现状图
植被	分析评价范围内植被类型及面积，给出植被类型图
野生动植物	分析评价范围内物种分布特点、重要物种的种群现状及生境质量、连通性、破碎化程度等，给出重要物种及生境分布图、物种迁徙或洄游路线图；涉及国家重点保护野生动植物或极濒危物种，编制工程与物种生境分布的空间关系图
物种多样性	可选用物种丰富度、香农-威纳多样性指数等对评价范围内的物种多样性进行评价
水生生境	分析水文情势、水动力和冲淤、水质（包括水温），评价水生生境现状，给出重要水生生物索饵场、产卵场、越冬场分布图
生态系统	分析评价范围内生态系统类型及面积、生态系统结构与功能状况及总体变化趋势，给出生态系统类型分布图
生态敏感区	分析生态敏感区生态现状、保护现状、存在的问题，明确项目与生态敏感区及其主要保护对象、功能分区与工程的位置关系，给出生态敏感区及其主要保护对象与工程位置关系图

对于改扩建、分期实施的建设项目，应对既有工程、前期已实施工程的生态影响、已采取的生态环境保护措施的有效性和存在问题进行评价。

8.4.2.2　生态现状评价方法

生态现状评价方法有列表清单法、图形叠置法、生态机理分析法、指数法和综合指数法、类比分析法、系统分析法、生物多样性评价方法、生态系统评价方法、景观生态学评价方法、生境评价方法、海洋生物资源等。

8.5　生态环境影响预测

8.5.1　生态影响预测与评价方法

由于生态环境影响具有区域性、累积性、综合性的特点，受影响因子众多且复杂难测。生态环境影响预测与评价方法应根据评价对象的生态学特性，在调查、判定该

区主要的、辅助的生态功能以及完成功能必须的生态过程的基础上，尽量采用定量方法进行预测与评价。常用的方法包括列表清单法、图形叠置法、生态机理分析法、景观生态学法、指数法与综合指数法、类比分析法、系统分析法和生物多样性评价等。

8.5.2 生态影响预测与评价内容

生态影响预测与评价内容应根据项目建设特定、区域生物多样性保护要求、生态系统功能等选择预测指标，尽量采用定量方法分析。

1. 不同评价等级的评价重点

预测评价的深度与广度与评价等级相关，主要集中在生态系统（包括动物、植物、生境）等、敏感生态保护目标等方面。三级评价主要是在现状调查的基础上，利用图形迭置法、类比分析法、生态机理分析法预测分析项目对土地利用、植被、野生动植物的影响。一级、二级评价还需要根据项目与生态环境现状，采用生境评价方法等预测项目对生态系统、生态敏感区、重要生境等影响，如表 8-5-1 所示。

表 8-5-1 一级、二级评价预测参考内容

评价要素	评价内容
植被	分析工程占用的植被类型、面积及比例；可能引起地表沉陷或改变地表径流、地下水水位、土壤理化性质等方式对植被产生影响的，采用生态机理分析法、类比分析法等方法，分析植物群落的物种组成、群落结构等变化情况
野生动植物	结合工程的影响方式预测分析重要物种的分布、种群数量、生境状况等变化情况；分析施工活动和运行产生的噪声、灯光等对重要物种的影响；涉及迁徙、洄游物种的，分析工程施工和运动和运行对迁徙、洄游行为的阻隔影响；涉及国家重点保护野生动植物、极危、濒危物种的，可采用生境评价方法预测分析物种适宜生境的分布及面积变化、生境破碎化程度等；给出建设项目实施后的物种适宜生境分布图
物种多样性	结合物种、生境以及生态系统变化情况，分析建设项目对所在区域生物多样性的影响；分析建设项目通过时间或空间的累积作用方式产生的生态影响，如生境丧失、退化及破碎化、生态系统退化、生物多样性下降等；结合工程施工和运行引入外来物种的主要途径、物种生物学特性及区域生态环境特点，分析建设项目实施可能导致的外来物种生态风险
水生生态	预测水文情势改变，以及水生生境质量、连通性以及产卵场、索饵场、越冬场等重要生境的变化等；预测分析鱼类等重要水生生物的种类组成、种群结构、资源时空生境分布情况，给出建设项目实施后重要水生连通性以及产卵场、索饵场、越冬场等重要生境的变化图；建设项目实施后重要水生生境分布图

续表

评价要素	评价内容
生态系统	采用图形迭置法分析工程占用的生态系统类型、面积、类型；结合生物量、生产力、生态系统功能等变化情况预测分析建设项目对生态系统的影响
生态敏感区	结合主要保护对象开展对生态敏感区的预测评价；涉及以自然景观、自然遗迹为主要保护对象的生态敏感区时，分析工程施工对景观、遗迹完整性的影响，结合工程建筑物、构筑物或其他设施的布局及设计，分析与景观、遗迹的协调性

2. 不同行业的评价重点

① 矿产资源开发项目应对开采造成的植物群落及植被覆盖度变化、重要物种的活动、分布及重要生境变化以及生态系统结构和功能变化、生物多样性变化等开展重点预测与评价。

② 水利水电项目应对河流、湖泊等水体天然状态改变引起的水生生境变化、鱼类等重要水生生物的分布及种类组成、种群结构变化，水库淹没、工程占地引起的植物群落、重要物种的活动、分布及重要生境变化，调水引起的生物入侵风险，以及生态系统结构和功能变化、生物多样性变化等开展重点预测与评价。

③ 公路、铁路、管线等线性工程应对植物群落及植被覆盖度变化、重要物种的活动、分布及重要生境变化、生境连通性及破碎化程度变化、生物多样性变化等开展重点预测与评价。

④ 农业、林业、渔业等建设项目应对土地利用类型或功能改变引起的重要物种的活动、分布及重要生境变化、生态系统结构和功能变化、生物多样性变化以及生物入侵风险等开展重点预测与评价。

⑤ 涉海工程海洋生态影响评价应符合 GB/T 19485 的要求，对重要物种的活动、分布及重要生境变化、海洋生物资源变化、生物入侵风险以及典型海洋生态系统的结构和功能变化、生物多样变化等开展重点预测与评价。

8.6 生态环境保护

8.6.1 总体要求

制定切实可行的生态环境保护措施是生态影响评价工作的重要内容，也是开展生态环境现状评价与预测评价的主要目的。按照导则要求，生态保护措施应针对生态影响的对象、范围、时段、程度，提出避让、减缓、修复、补偿、管理、监测、科研等对策措施。

1. 绕 避

生态环境影响因素复杂，产生生态破坏难以预料且恢复难度大，因此，生态保护优先选用避让方案，从源头防止生态破坏。选址选线绕避生态敏感区，高噪声设备、涉水桥墩等施工作业时要避开重要物种的繁殖期、越冬期、迁徙洄游期等特殊保护期；优先选用对环境友好的先进施工工艺、技术和建设材料，取消产生显著不利影响的工程内容和施工方式等。

2. 考虑系统性、整体性

制定生态保护措施时，要充分考虑生态环境区域性、累积性、综合性的特点，坚持山水林田湖草沙一体化保护和系统治理的思路，提出生态保护对策措施。必要时开展专题研究和设计，确保生态护措施有效。

3. 尊重自然

坚持尊重自然、顺应自然、保护自然的理念，采取自然的恢复措施或绿色修复工艺，避免生态保护措施自身的不利影响。不应采取违背自然规律的措施，切实保护生物多样性。

生态保护措施要优先选择技术先进、经济合理、便于实施、运行稳定、长期有效的措施，明确措施的内容、设施的规模及工艺、实施位置和时间、责任主体、实施保障、实施效果等，编制生态保护措施平面布置图、生态保护措施设计图，并估算（概算）生态保护投资。

8.6.2 生态保护措施

应根据项目区域的资源特征和生态特征，结合工程建设特点，综合考虑设计期、项目建设期、生产运营期和工程结束期等不同时期，制定具体的生态保护与恢复措施，主要有生态保护工程措施、生态补偿与建设、替代方案等。

1. 常用的生态环境防护措施

应根据项目区域的生态影响特点和保护对象的要求，有针对性地提出生态保护措施，并绘制生态保护措施平面布置示意图和典型措施设施工艺图。常用的生态环境防护措施有：

① 优化施工工艺。

施工过程中，采取绿色施工工艺，减少地表开挖，合理设计高陡边坡支挡、加固措施，减少对脆弱生态的扰动。

② 表土剥离。

项目施工前应对工程占用区域可利用的表土进行剥离，单独堆存，加强表土堆存防护及管理，确保有效回用。

③ 生物保护措施。

对重点保护野生植物、极危、濒危和易危植物、极小种群野生植物和古树名木造成不利影响的，应提出避让、工程防护、移栽或种质库保存等措施。工程施工破坏植被的，应提出植被恢复与生态修复等措施。

对重点保护野生动物、极危、濒危和易危动物、特有种及其生境造成影响的，应提出生境保护、工期安排、救护、活动廊道构建或食源地建设等措施。造成动物迁徙（包括水生生物洄游）受阻的，应提出减缓阻隔、恢复生境连通的措施，如野生动物通道、过鱼设施等；造成生物资源损失的，应提出促进资源恢复的措施，如生境修复、增殖放流等。

工程建设和运行噪声、灯光等对动物造成影响的，应提出优化工程施工方案、设计方案或降噪遮光等防护措施。

2. 生态影响的补偿与建设

对于再生周期较长，恢复速度较慢的自然资源损失要制定恢复和补偿措施。生态补偿有就地补偿和异地补偿两种形式。就地补偿是在被破坏原地采取措施，类似于恢复。异地补偿则是在开发建设项目发生地无法补偿损失的生态环境功能时，在项目发生地之外，如在区域内或流域内的适宜地点或其他规划的生态建设工程中实施补偿措施。

补偿措施的确定应结合建设项目对区域生态环境功能的最大依赖和需求，考虑因流域或区域生态环境功能保护的要求和优先次序，既体现社会群体平等使用和保护环境的权利，也体现生态环境保护的特殊性要求。

3. 替代方案

替代方案主要指项目中的选线选址替代方案、项目的组成和内容替代方案、工艺和生产技术的替代方案、施工和运营方案的替代方案、生态保护措施的替代方案等。

一级项目要进行替代方案比较，要对关键的单项问题进行替代方案比较，并对环境保护措施进行多方案比较，这些替代方案应该是环境保护决策的最佳选择。

替代方案的确定是一个不断进行科学论证、优化、选择的过程，最终目的是使选择的方案具有环境损失最小、费用最少、生态功能最大的特性。生态环境保护、恢复、补偿和建设措施，都可以结合建设项目的工程特点有两种或多种替代方案。

8.6.3 生态监测和环境管理

对需要特殊保护的敏感生态目标，应分别制定施工期、运行期生态监测计划，明确监测因子、方法、频次、点位等。

（1）对可能具有重大、敏感生态影响的建设项目，区域、流域开发项目，应提出长期的生态监测计划（5年以上）和科技支撑方案。

(2) 监测调查位置、频次以及采用的技术方法应根据监测目标合理确定，并尽量与现状背景状况调查一致，使不同阶段的数据具有可比性。

(3) 施工期重点监测施工活动扰动下保护目标的受影响状况，如植物群落变化、动物迁徙、觅食、繁殖等行为变化、生境质量变化等，运行期重点监测实际影响状况、生态保护措施的有效性以及生态恢复情况等。

明确施工期和运行期管理原则与技术要求。可根据相关规定提出开展施工期工程环境监理、环境影响后评价等环保管理技术方案。

8.7 生态制图

生态影响评价图件是指以图形、图像的形式对生态影响评价有关空间内容的描述、表达或定量分析。生态影响评价图件是生态影响评价报告的必要组成内容，是评价成果的重要表示形式，是指导生态保护措施设计的重要依据。

1. 生态影响评价图件

根据评价项目自身特点、评价工作等级以及区域生态敏感性不同，生态影响评价图件由基本图件和推荐图件构成。

基本图件是指根据生态影响评价工作等级不同，各级生态影响评价工作需提供的必要图件。当评价项目涉及特殊生态敏感区域和重要生态敏感区时必须提供能反映生态敏感特征的专题图，如保护物种空间分布图；当开展生态监测工作时需提供相应的生态监测点位图。

推荐图件是在现有技术条件下可以图形图像形式表达的、有助于阐明生态影响评价结果的选作图件。

2. 图件制作要求

生态影响评价图件制作基础数据来源包括：已有图件资料、采样、实验、地面勘测和遥感信息等。图件基础数据来源应满足生态影响评价的时效要求，选择与评价基准时段相匹配的数据源。

生态影响评价制图的工作精度一般不低于工程可行性研究制图精度，成图精度应满足生态影响判别和生态保护措施的实施，比例尺一般在 1∶50 000 以上。调查样方、样线、点位、断面等布设图、生态监测布点图、生态保护措施平面布置图、生态保护措施设计图等应结合实际情况选择适宜的比例尺，一般为 1∶10 000～1∶2 000。

生态影响评价成图应能准确、清晰地反映评价主题内容反映评价主题内容，满足生态影响判别和生态保护措施的实施。当成图范围过大时，可采用点线面相结合的方式，分幅成图；当涉及敏感生态保护目标时，应分幅单独成图，以提高成图精度。

生态影响评价图件应符合专题地图制图的整饬规范要求，成图应包括图名、比例尺、方向标/经纬度、图例、注记、制图数据源（调查数据、实验数据、遥感信息源或其他）、成图时间等要素，如表 8-7-1 所示。

表 8-7-1 生态环境影响评价图件构成要求

	图件内容要求
项目地理位置图	项目位于区域或流域的相对位置
地表水系图	项目涉及的地表水系分布情况，标明干流及主要支流
项目总平面布置图及施工总布置图	各工程内容的平面布置及施工布置情况
线性工程平纵断面图	路线走向、工程形式等
土地利用现状图	评价范围内的土地利用类型及分布情况，采用 GB/T 21010 土地利用分类体系，以二级类型作为基础制图单位
植被类型图	评价范围内的植被类型及分布情况，以植物群落调查成果作为基础制图单位。植被遥感制图应结合工作底图精度选择适宜分辨率的遥感数据，必要时应采用高分辨率遥感数据。山地植被还应完成典型剖面植被示意图
植被覆盖度空间分布图	评价范围内的植被状况，基于遥感数据并采用归一化植被指数（NDVI）估算得到的植被覆盖度空间分布情况
生态系统类型图	评价范围内的生态系统类型分布情况，采用 HJ 1166 生态系统分类体系，以Ⅱ级类型作为基础制图单位
生态保护目标空间分布图	项目与生态保护目标的空间位置关系。针对重要物种、生态敏感区等不同的生态保护目标应分别成图，生态敏感区分布图应在行政主管部门公布的功能分区图上叠加工程要素，当不同生态敏感区重叠时，应通过不同边界线型加以区分
物种迁移、洄游路线图	物种迁徙、洄游的路线、方向以及时间
物种适宜生境分布图	通过模型预测得到的物种分布图，以不同色彩表示不同适宜性等级的生境空间分布范围
调查样方、样线、点位、断面等布设图	调查样方、样线、点位、断面等布设位置，在不同海拔高度布设的样方、样线等，应说明其海拔高度
生态监测布点图	生态监测点位布置情况
生态保护措施平面布置图	主要生态保护措施的空间位置
生态保护措施设计图	典型生态保护措施的设计方案及主要设计参数等信息

8.8 结论与建议

对生态现状调查、生态影响预测和评价结果、生态保护措施等内容进行概括总结，明确给出建设项目生态影响是否可以接受的结论。对严重威胁重点保护野生动植物、极危物种、濒危和易危物种、极小种群野生植物、特有种以及群落中的关键种等种群生存，可能造成重要生境丧失或不可恢复，或严重损害生态系统结构和功能的建设项目，应提出生态影响不可接受的结论。

思考题

1. 简述生态环境影响评价的难点。
2. 生态环境影响评价等级划分和评价范围确定的依据有哪些？
3. 生态环境影响评价的主要评价对象是什么？
4. 简述生态环境现状调查的主要内容。
5. 简述开展生态环境影响预测与评价的内容。
6. 可以采取哪些措施减少生态环境影响？

9 环境风险评价

一般情况下，风险是指一种危害或危险，以及受到某种事件或某些损失的可能性。风险具有两个基本特性：一是具有发生或出现人们不希望的后果（危害事件）；二是风险的某些方面具有不确定性。任何事件必须具有上述两个基本特性才能称之为风险事故，两者缺一不可。

9.1 概述

9.1.1 环境风险

环境风险是指突发性事故对环境造成的危害程度及可能性。

环境风险主要有下列三种类别：一是化学性风险，指有毒、易燃、易爆材料引起的风险；二是物理性风险，指极端状况引发的风险，如交通事故、大型机械设备、建筑物倒塌等会引起立即伤害的各种事故；三是自然灾害性风险，指地震、台风、龙卷风、洪水、自然火灾等引发的物理和化学性风险。

9.1.2 环境风险评价与其他有关评价的异同

1. 与安全评价

环境风险评价与安全评价的共同点是都要确定风险源、源强及最大可信事故概率。环境风险评价的危险识别、重大危险源、源强估算模式、事故概率等均来自安全评价的理论，因此，环境风险评价可利用安全评价数据开展环境风险评价工作，但要区别两者之间的不同，不能照搬安全评价的内容。

环境风险评价与安全评价的主要区别是：安全评价更关心危险度，环境风险评价更关心向环境迁移影响的最大可接受水平。环境风险评价的适用范围明确为重大环境污染事故隐患，后果计算更单一和深入，关注事故对厂（场）界外环境的影响，侧重筛选对外环境产生影响的源项，侧重对社会公众的影响。

2. 与健康评价、生态风险评价

生态风险评价的主要对象是生态系统或生态系统中不同生态水平的组分；健康评价主要侧重于人群的健康风险，人群是生态系统的特殊种群，所以也可以把人群健康风险评价看成是个体或种群水平的生态风险评价。环境风险评价是在健康评价的基础上发展起来的，健康评价和生态风险评价都属于环境风险评价。

9.1.3 相关标准

（1）《建设项目环境风险评价技术导则》（HJ 169）。

我国将建设项目环境风险评价纳入环境影响评价管理范畴，为提高环境风险评价和审查工作的质量和效率，原国家环境保护总局于 2004 年颁布《建设项目环境风险评价技术导则》(HJ/T 169)，规定了建设项目环境风险评价的一般性原则、方法、程序等。之后该标准于 2019 年进行了修订，并改为强制性标准。

（2）与行业相关的标准与法规。

环境保护部门先后颁布了与行业有关的环境风险标准与参考方法，包括《环境风险评估技术指南——氯碱企业环境风险等级划分方法》、《环境风险评估技术指南——硫酸企业环境风险等级划分方法（试行）》、《尾矿库环境风险评估技术导则（试行）》(HJ 740) 等。

9.1.4 环境风险评价的工作程序和目标

开展环境风险评价的工作程序有三个阶段：

第一阶段：前期阶段。

前期阶段主要是调查、分析项目区域主要的环境敏感目标和风险源，依据现行《建设项目环境风险评价技术导则》(HJ 169)，从危险性和环境敏感性方面进行环境风险潜势初判，若风险潜势为Ⅰ，则仅进行简单分析即可，如风险潜势为Ⅳ$^+$，需要考虑调整方案，如风险潜势为Ⅱ~Ⅳ则需进行详细的风险评价。

环境风险潜势划分为Ⅰ、Ⅱ、Ⅲ、Ⅳ、Ⅳ$^+$，由建设项目涉及的物质和工艺系统的危险性及所在地的环境敏感程度，结合事故情形下环境影响途径确定，如表 9-1-1 所示。

表 9-1-1　建设项目环境风险潜势划分

环境敏感程度（E）	危险物质及工艺系统危险性（P）			
	极高危害（P1）	高度危害（P2）	中度危害（P3）	轻度危害（P4）
环境高度敏感区（E1）	Ⅳ$^+$	Ⅳ	Ⅲ	Ⅲ
环境中度敏感区（E2）	Ⅳ	Ⅲ	Ⅲ	Ⅱ
环境低度敏感区（E3）	Ⅲ	Ⅲ	Ⅱ	Ⅰ

注：Ⅳ$^+$为极高环境风险。

1. P 的分级确定

首先需要分析建设项目生产、使用、储存过程中涉及的有毒有害、易燃易爆物质，依据现行《建设项目环境风险评价技术导则》(HJ 169) 的附录 B、C，确定危险物质的临界量，再定量分析危险物质数量与临界量的比值（Q）和所属行业及生产工艺特点（M），对危险物质及工艺系统危险性（P）等级进行判断。

2. E 的分级确定

分析危险物质在事故情形下的环境影响途径,如大气、地表水、地下水等,依据现行《建设项目环境风险评价技术导则》(HJ 169)的附录 D,判断建设项目各要素环境敏感程度(E)等级。

第二阶段:风险评价、预测阶段。

风险评价阶段主要是开展从风险源项、风险类型、可能扩散途径、可能影响后果等方面开展风险事故情形分析,确定风险源强、预测模型、选址预测参数进行环境风险预测,提出环境风险管理要求,并提出相应的优化调整建议。

第三阶段:结论阶段。

根据预测结果,提出建设项目环境风险评价结论与建议。

9.2 评价等级与评价范围

9.2.1 环境风险评价的等级划分

按照现行《建设项目环境风险评价技术导则》(HJ 169),根据建设项目涉及的物质及工艺系统危险性和所在地的环境敏感性确定环境风险潜势,再按照环境风险潜势将评价工作等级划分为一、二、三级,如表 9-2-1 所示。

表 9-2-1 评价工作等级

环境风险潜势	Ⅳ、Ⅳ+	Ⅲ	Ⅱ	Ⅰ
评价工作等级	一	二	三	简单分析*

*简单分析是相对于详细评价工作内容而言,在描述危险物质、环境影响途径、环境危害后果、风险防范措施等方面给出定性的说明。

9.2.2 评价范围

环境风险评价范围应根据环境敏感目标分布情况、事故可能对环境产生危害的范围等综合确定。项目周边所在区域,评价范围外存在需要特别关注的环境敏感目标,评价范围需延伸至所关心的目标。

大气环境风险评价范围:一级、二级评价距建设项目边界一般不低于 5 km;三级评价距建设项目边界一般不低于 3 km。油气、化学品输送管线项目一级、二级评价距管道中心线两侧一般均不低于 200 m;三级评价距管道中心线两侧一般均不低于 100 m。当大气毒性终点浓度预测到达距离超出评价范围时,应根据预测到达距离进一步调整评价范围。

地表水、地下水的环境风险评价范围参考其环境影响评价范围。

9.3 环境风险识别

环境风险识别内容包括物质危险性识别、生产系统危险性识别、危险物质向环境转移的途径识别。

开展环境风险评价时，首先需要根据危险物质泄漏、火灾、爆炸等突发性事故可能造成的环境风险类型，收集和准备建设项目工程资料，周边环境资料，国内外同行业、同类型事故统计分析及典型事故案例资料。对已建工程应收集环境管理制度，操作和维护手册，突发环境事件应急预案，应急培训、演练记录，历史突发环境事件及生产安全事故调查资料，设备失效统计数据等。

9.3.1 物质危险性识别

物质危险性识别包括主要原辅材料、燃料、中间产品、副产品、最终产品、污染物、火灾和爆炸伴生/次生物等。

参考现行《建设项目环境风险评价技术导则》（HJ 169），识别出危险物质，以图表的方式给出其易燃易爆、有毒有害危险特性，明确危险物质的分布。

9.3.2 生产系统危险性识别

生产系统危险性识别，包括主要生产装置、储运设施、公用工程和辅助生产设施，以及环境保护设施等。

按工艺流程和平面布置功能区划，结合物质危险性识别，以图表的方式给出危险单元划分结果及单元内危险物质的最大存在量。按生产工艺流程分析危险单元内潜在的风险源，采用定性或定量分析方法筛选确定重点风险源。

按危险单元分析风险源的危险性、存在条件和转化为事故的触发因素。

9.3.3 危险物质向环境转移的途径识别

危险物质向环境转移的途径识别，包括分析危险物质特性及可能的环境风险类型，识别危险物质影响环境的途径，分析可能影响的环境敏感目标。

9.3.4 风险识别结果

在风险识别的基础上，图示危险单元分布。给出建设项目环境风险识别汇总，包括危险单元、风险源、主要危险物质、环境风险类型、环境影响途径、可能受影响的环境敏感目标等，说明风险源的主要参数。

9.4 风险预测与评价

环境风险预测与评价主要集中在大气环境、地表水环境、地下水环境的风险影响，根据各环境要素风险预测，分析说明建设项目环境风险的危害范围与程度。

大气环境风险的影响范围和程度由大气毒性终点浓度确定，明确影响范围内的人口分布情况；地表水、地下水对照功能区质量标准浓度（或参考浓度）进行分析，明确对下游环境敏感目标的影响情况。

环境风险可采用后果分析、概率分析等方法开展定性或定量评价，以避免急性损害为重点，确定环境风险防范的基本要求。

9.5 环境风险防范

9.5.1 环境风险防范措施

1. 技术措施

大气环境风险防范应结合风险源状况明确环境风险的防范、减缓措施，提出环境风险监控要求，并结合环境风险预测分析结果、区域交通道路和安置场所位置等，提出事故状态下人员的疏散通道及安置等应急建议。

事故废水环境风险防范应明确"单元—厂区—园区/区域"的环境风险防控体系要求，设置事故废水收集（尽可能以非动力自流方式）和应急储存设施，以满足事故状态下收集泄漏物料、污染消防水和污染雨水的需要，明确并图示防止事故废水进入外环境的控制、封堵系统。应急储存设施应根据发生事故的设备容量、事故时消防用水量及可能进入应急储存设施的雨水量等因素综合确定。应急储存设施内的事故废水，应及时进行有效处置，做到回用或达标排放。结合环境风险预测分析结果，提出实施监控和启动相应的园区/区域突发环境事件应急预案的建议要求。

地下水环境风险防范应重点采取源头控制和分区防渗措施，加强地下水环境的监控、预警，提出事故应急减缓措施。

2. 管理措施

针对主要风险源，提出设立风险监控及应急监测系统，实现事故预警和快速应急监测、跟踪，提出应急物资、人员等管理要求。

对于改建、扩建和技术改造项目，应分析依托企业现有环境风险防范措施的有效性，提出完善意见和建议。环境风险防范措施应纳入环保投资和建设项目竣工环境保护验收内容。

考虑事故触发具有不确定性，厂内环境风险防控系统应纳入园区/区域环境风险防控体系，明确风险防控设施、管理的衔接要求。极端事故风险防控及应急处置应结合所在园区/区域环境风险防控体系统筹考虑，按分级响应要求及时启动园区/区域环境风险防范措施，实现厂内与园区/区域环境风险防控设施及管理有效联动，有效防控环境风险。

9.5.2 突发环境事件应急预案编制要求

按照国家、地方和相关部门要求，提出企业突发环境事件应急预案编制或完善的原则要求，包括预案适用范围、环境事件分类与分级、组织机构与职责、监控和预警、应急响应、应急保障、善后处置、预案管理与演练等内容。

明确企业、园区/区域、地方政府环境风险应急体系。企业突发环境事件应急预案应体现分级响应、区域联动的原则，与地方政府突发环境事件应急预案相衔接，明确分级响应程序。

9.6 评价结论与建议

1. 项目危险因素

简要说明主要危险物质、危险单元及其分布，明确项目危险因素，提出优化平面布局、调整危险物质存在量及危险性控制的建议。

2. 环境敏感性及事故环境影响

简要说明项目所在区域环境敏感目标及其特点，根据预测分析结果，明确突发性事故可能造成环境影响的区域和涉及的环境敏感目标，提出保护措施及要求。

3. 环境风险防范措施和应急预案

结合区域环境条件和园区/区域环境风险防控要求，明确建设项目环境风险防控体系，重点说明防止危险物质进入环境及进入环境后的控制、消减、监测等措施，提出优化调整风险防范措施建议及突发环境事件应急预案原则要求。

4. 环境风险评价结论与建议

综合环境风险评价专题的工作过程，明确给出建设项目环境风险是否可防控的结论。根据建设项目环境风险可能影响的范围与程度，提出缓解环境风险的建议措施。对存在较大环境风险的建设项目，须提出环境影响后评价的要求。

思考题

1. 什么是环境风险？环境风险评价的适用范围？

2. 简述环境风险评价的等级划分要求。
3. 环境风险识别的有哪些内容？
4. 环境风险防范措施应该包括哪些内容？

10　公众参与

10.1 概述

10.1.1 公众参与在中国的发展

为了进一步追求人与自然的和谐发展，遏制严重环境污染和环境公害事故的发生，联合国环境规划署在 1978 年提出的环境影响评价基本程序中明确提出用"公众参与"的办法来避免与解决开发建设及营运过程中可能带来的环境问题。

中国环境影响评价中开展公众参与的历史不长，但随着社会经济及环保要求的发展，公参的范围和深度在不断扩展、完善。我国最早出现"公众参与"的概念是在 1991 年实施的一个由亚洲开发银行提供赠款的环境影响评价培训项目中，紧接着在 1993 年，在《关于加强国际金融组织贷款建设项目环境影响评价管理工作的通知》中首次规定环境影响评价要考虑公众的意见。之后，公众参与的发展取得了很大的进展。

1998 年颁布的《建设项目环境保护管理条例》规定："建设单位编制环境影响报告书，应当依照有关法律规定，征求建设项目所在地有关单位和居民的意见。" 2002 年颁布的《中华人民共和国环境影响评价法》第八条、第十条和第二十一条中，均对环境影响评价的公众参与做了明确规定。2006 年，原国家环境保护总局颁布了《环境影响评价公众参与暂行办法》，为我国环境影响评价工作在公众参与的进一步规范中起了很好的作用。

2013 年环境保护部办关于印发《建设项目环境影响评价政府信息公开指南（试行）》的通知，对环境保护行政主管部门开展公众参与的方式、内容等做了进一步的规定。

2017 年颁布的《建设项目环境影响评价技术导则 总纲》中，规定公众参与和环境影响评价文件编制工作分离，明确公众参与的主体是建设单位，环境影响评价不再设置专门的章节编制公众参与的内容。但是环境影响评价内容需要进行网站公示，并且在环评结论中，公众意见采纳情况依然是环境影响可行性重要依据之一，公众参与与环境影响评价仍然有着紧密的联系。

2018 年 7 月生态环境部发布《环境影响评价公众参与办法》，同年 10 月，颁布了《建设项目环境影响评价公众意见表》等 2 个配套文件，进一步明确了实施公众参与的项目类型、方式、公参的内容等。

公众参与是保障人民群众环境保护权益的有力手段，也是构建共同参与的环境治理体系的有效途径。公众参与相关条例的修订，体现了经济社会发展的要求，顺应了我国新的发展形势和要求。

10.1.2 公众参与的目的

公众参与是为了实施可持续发展战略，充分发挥监督机制的作用，预防因规划和建设项目实施后对环境造成不良影响，促进经济、环境和社会各方面的协调发展。公众参与的目的性主要表现在：

（1）让公众了解规划和建设项目，如实地反映出公众的意见。

（2）监督、促进规划和建设项目落实环境保护措施，解决公众关心问题。

（3）为环境保护行政主管部门进行决策提供参考意见，以达到环境影响评价工作的完善和公正。

10.1.3 公众参与的意义

（1）改革传统的经济发展模式，实现经济与环境的协调发展。

实行公众参与制度，在项目决策时，不仅要考虑建设项目对经济发展的影响，还不得不根据公众意见，考虑建设项目本身对周围环境的影响及这种影响的反馈作用，并且必须采取必要的防范措施。实施公众参与，能够实现建设项目的经济效益与环境效益的统一，协调经济发展和环境保护。

（2）维护社会稳定，促进民主政治。

实施公众参与，有利于社会稳定，促进民主政治的发展。美国政治学家亨廷顿认为发展中国家公民政治参与的要求会随着利益的分化而增长，如果其政治体系无法给个人或团体的政治参与提供渠道，个人和社会群体的政治行为就有可能冲破社会秩序给社会带来不稳定。如果企业在建设和生产时没有得到周围公众的认可，那么由于环境污染和破坏导致的企业和公众之间的冲突就会越来越多。实践表明，科学实施公众参与制度，可以从根本上解决这些问题。

（3）增强公众的环境意识。

原国家环境保护局、教育部某项"全国公众环境意识调查"表明，我国多数公众认为我国环境污染状况严重，但把环境问题与其他社会问题相比较，则把环境问题排在社会治安、教育、人口、就业之后。公众在购物时，只有小部分人考虑到环境保护因素，愿意为了环境保护而接受较高的价格，可见我国公民的环境意识和环境参与程度还很弱。但随着经济的发展和环境保护意识的提高，越来越多的人开始关注环境与生态健康，也更愿意参与到环境决策中来。

在环境影响评价制度中引进公众参与机制，对于加强环境的宣传教育，提高公众参与环境保护意识，落实公众参与环境决策，提高公众的环境意识有积极作用。

（4）监督项目建设方和环境行政机关。

公众参与制度使公众不仅可以对规划和项目在实施前是否进行环境影响评价进行监督，还可以通过了解规划和项目的有关信息来监督在规划实施、项目建设和营运过程中的不法行为。

同时，公众参与制度还可以监督环境行政机关在环境行政过程中是否依法行政，对滥用权力进行约束，帮助环境行政机关正确决策，提高行政效率。

（5）减轻环境行政机关的压力。

环境行政机关经常受到两方面的压力：一方面来自建设单位和管理部门的分管领导，要求环境行政机关给他们支持、照顾、开绿灯；另一方面来自社会公众。由于生活水平、环境意识的提高，对环境质量的要求越来越高，从而使环境行政机关经常处于两难境地。如果让公众参与进来，使建设单位与公众直接见面，让建设单位把建设的理由、环境保护所采取的措施及所能达到的效果，直接告之公众，公众也把自己所关心的问题提出来请建设单位做出解释，那么，环境行政机关就免去了两面应付之苦，压力也随之减轻。

10.1.4 需要进行公众参与的环评项目类型

根据《中华人民共和国环境影响评价法》，除国家规定需要保密的情形外，对可能造成不良环境影响并直接涉及公众环境权益的规划、对环境可能造成重大影响应当编制环境影响报告书的建设项目，应当在报批规划或建设项目环境影响报告书前，举行论证会、听证会，或者采取其他形式，征求有关单位、专家和公众的意见，并附具对有关单位、专家和公众的意见采纳或者不采纳的说明。

根据《环境影响评价公众参与办法》规定，除保密情形外，可能造成不良环境影响并直接涉及公众环境权益的工业、农业、畜牧业、林业、能源、水利、交通、城市建设、旅游、自然资源开发的有关专项规划，和依法应当编制环境影响报告书的建设项目应该实施环境影响评价公众参与。

10.2 公众参与的内容与方式

国家鼓励公众参与环境影响评价。

知情权是公民最基本的权利之一，包括公民不受妨害地获得国家机关信息的自由和公民向特定的国家机关请求公开其信息的权利。知情权是公民得以参与国家事务和其他公共事务的前提。

依据 2019 年 1 月 1 日开始实施的《环境影响评价公众参与办法》，规划编制机构、建设单位或者其委托的环境影响评价机构应当采用便于公众知悉的方式，向公众公开有关环境影响评价的信息。

10.2.1 建设单位信息公示的内容

（1）项目信息公示（第一次公示）。

建设单位应当在确定环境影响报告书编制单位后 7 个工作日内，通过其网站、建设项目所在地公共媒体网站或者建设项目所在地相关政府网站（以下统称网络平台），公开下列信息：

① 建设项目名称、选址选线、建设内容等基本情况，改建、扩建、迁建项目应当说明现有工程及其环境保护情况。

② 建设单位名称和联系方式。

③ 环境影响报告书编制单位的名称。

④ 公众意见表的网络链接。

⑤ 提交公众意见表的方式和途径。

在环境影响报告书征求意见稿编制过程中，公众均可向建设单位提出与环境影响评价相关的意见。

（2）环境影响报告书公示（第二次公示）。

建设项目环境影响报告书征求意见稿形成后，建设单位应当公开下列信息，征求与该建设项目环境影响有关的意见：

① 环境影响报告书征求意见稿全文的网络链接及查阅纸质报告书的方式和途径。

② 征求意见的公众范围。

③ 公众意见表的网络链接。

④ 公众提出意见的方式和途径。

⑤ 公众提出意见的起止时间。

建设单位征求公众意见的期限不得少于10个工作日。

公众提出的涉及征地拆迁、财产、就业等与建设项目环境影响评价无关的意见或者诉求，不属于建设项目环境影响评价公众参与的内容。公众可以依法另行向其他有关主管部门反映。

（3）公众参与的方式。

按照公众参与相关规定，建设单位应当通过下列三种方式同步公开：

① 通过网络平台公开，且持续公开期限不得少于10个工作日。

② 通过建设项目所在地公众易于接触的报纸公开，且在征求意见的10个工作日内公开信息不得少于2次。

③ 通过在建设项目所在地公众易于知悉的场所张贴公告的方式公开，且持续公开期限不得少于10个工作日。

公众参与的方式还可以采用广播、电视、微信、微博及其他新媒体等多种形式发布信息，吸引公众关注并发表意见。

另外，建设单位可以通过发放科普资料、张贴科普海报、举办科普讲座或者通过学校、社区、大众传播媒介等途径，向公众宣传与建设项目环境影响有关的科学知识，加强与公众互动。

公众可以通过信函、传真、电子邮件或者建设单位提供的其他方式，在规定时间内将填写的公众意见表等提交建设单位，反映与建设项目环境影响有关的意见和建议。

（4）公众意见的处置。

建设单位应当对收到的公众意见进行整理，综合考虑建设项目情况、环境影响报告书编制单位或者其他有能力的单位的建议、技术经济可行性等因素，采纳与建设项目环境影响有关的合理意见，并组织环境影响报告书编制单位根据采纳的意见修改完善环境影响报告书。对未采纳的意见，建设单位应当说明理由。未采纳的意见由提供有效联系方式的公众提出的，建设单位应当通过该联系方式，向其说明未采纳的理由。

（5）公众参与说明。

建设单位向生态环境主管部门报批环境影响报告书前，应当组织编写建设项目环境影响评价公众参与说明。

公众参与说明应当包括下列主要内容：公众参与的过程、范围和内容；公众意见收集整理和归纳分析情况；公众意见采纳情况，或者未采纳情况、理由及向公众反馈的情况等。

建设单位向生态环境主管部门报批环境影响报告书前，应当通过网络平台，公开拟报批的环境影响报告书全文和公众参与说明。

建设单位向生态环境主管部门报批环境影响报告书时，应当附具公众参与说明。

（6）深度公众参与。

对环境影响方面公众质疑性意见多的建设项目，建设单位应当组织开展深度公众参与，形式包括召开公众座谈会、听证会或专家论证会等。

公众质疑性意见主要集中在环境影响预测结论、环境保护措施或者环境风险防范措施等方面的，建设单位应当组织召开公众座谈会或者听证会。座谈会或者听证会应当邀请在环境方面可能受建设项目影响的公众代表参加。希望参加听证会的公民、法人或者其他组织，应当按照听证会公告的要求和方式提出申请，并同时提出自己所持意见的要点。听证会组织者选定的参加听证会的代表人数一般不得少于15人，其他的个人或者组织可以申请旁听公开举行的听证会。

公众质疑性意见主要集中在环境影响评价相关专业技术方法、导则、理论等方面的，建设单位应当组织召开专家论证会。专家论证会应当邀请相关领域专家参加，并邀请在环境方面可能受建设项目影响的公众代表列席。

建设单位决定组织召开公众座谈会、专家论证会的，应当在会议召开的10个工作日前，将会议的时间、地点、主题和可以报名的公众范围、报名办法，通过网络平台和在建设项目所在地公众易于知悉的场所张贴公告等方式向社会公告。建设单位应当综合考虑地域、职业、受教育水平、受建设项目环境影响程度等因素，从报名的公众中选择参加会议或者列席会议的公众代表，并在会议召开的5个工作日前通知拟邀请的相关专家，并书面通知被选定的代表。

建设单位应当在公众座谈会、专家论证会结束后5个工作日内，根据现场记录，整理座谈会纪要或者专家论证结论，并通过网络平台向社会公开座谈会纪要或者专家论证结论。座谈会纪要和专家论证结论应当如实记载各种意见。

10.2.2 环境保护行政主管部门的信息公示

依据《环境影响评价公众参与办法》等公众参与的相关规定，环境影响评价政府信息指环境保护行政主管部门在履行环境影响评价文件审批、建设项目竣工环境保护验收和建设项目环境影响评价资质管理过程中制作或者获取的，以一定形式记录、保存的信息。其中，主动公开范围中，建设项目环境影响评价审批公开的内容包括：环境影响评价文件受理情况、拟作出的审批意见、作出的审批决定。

1. 受理公示

生态环境主管部门受理建设项目环境影响报告书、环境影响报告表之后，应当通过其网站或者其他方式向社会公开建设项目的名称、建设地点、建设单位、环评机构、受理日期、环境影响报告书（表）全本（除涉及国家秘密和商业秘密等内容外，并说明删除依据和理由）、公众参与说明，以及公众反馈意见的联系方式。其中根据2019年实施的《环境影响评价公众参与办法》，环境影响报告书的公开期限不得少于10个工作日。

2. 审批前公示

各级环境保护主管部门在对建设项目作出审批意见前，应当通过其网站或者其他方式向向社会公开拟作出的批准和不予批准环境影响报告书、表的意见，并告知申请人、利害关系人听证权利。

公开期限不得少于5个工作日。

3. 作出的审批决定

各级环境保护主管部门在对建设项目作出批准或不予批准环境影响评价报告书、表的审批决定后向社会公开审批情况，告知申请人、利害关系人行政复议与行政诉讼权利。公开内容包括文件名称、文号、时间及全文，还有行政复议与行政诉讼权利告知、公众反馈意见的联系方式。

4. 公众意见的处置

在生态环境主管部门受理环境影响报告书后和作出审批决定前的信息公开期间，公民、法人和其他组织可以依照规定的方式、途径和期限，提出对建设项目环境影响报告书审批的意见和建议，举报相关违法行为。

生态环境主管部门对收到的举报，应当依照国家有关规定处理。必要时，生态环境主管部门可以通过适当方式向公众反馈意见采纳情况。

经综合考虑收到的公众意见、相关举报及处理情况、公众参与审查结论等，生态环境主管部门发现建设项目未充分征求公众意见的，应当责成建设单位重新征求公众意见，退回环境影响报告书。

生态环境主管部门参考收到的公众意见,依照相关法律法规、标准和技术规范等审批建设项目环境影响报告书。

10.3 我国公众参与存在的问题及改善对策

10.3.1 存在的问题

1. 制度不够健全

从 1991 年最初引进"公众参与"这个概念之后,虽然先后颁布了《中华人民共和国环境影响评价法》《环境影响评价公众参与办法》等相关的法律法规,但在实行过程中还存在着一些漏洞:如相关法律和规定缺少对公众意见进行反馈方面的规定,没有就参与环境影响评价的公众人数做出限定;没有对参与环境影响评价的"公众"进行界定,对"公众"的环境意识、思想文化素质、法治观念等背景欠考虑,不注重参与对象的代表性,由于参与对象过少等原因,使公众参与的有效性大打折扣。

2. 公众参与环境保护的意识较淡薄

根据新闻媒体、环境保护部门、专门研究机构对我国公众的环境意识进行的调查结论,我国公众的环境保护意识呈现"知、行不合一"的状态。公众对环境保护的意义、环境污染的危害性有比较充分的认识,也掌握了较多的环境保护科学知识,也树立了较为明确的环境保护价值观念,但是在行为上却表现出参与意识淡薄,对公众个人行为的作用及所应当承担的责任认识不清,许多公众最关注的问题是他们生活质量最密切、最需要尽快解决的问题。

3. 对公众意见的重视程度不够,公众参与的比重太低

参与环境影响评价的公众的意见与环境影响评价机构、评估专家的意见相比,公众的呼声影响很小,这可能挫伤公众参与的积极性。

4. 公众参与时效性不够

目前,我国环境影响评价中的公众参与是在报批环境影响报告书之前或规划草案上报审批前进行的,由项目的建设单位或专项规划的编制机关组织具体实施。这将导致在环境影响评价开始以前阶段,公众参与内容是空白的。由此造成公众不能及时、准确掌握项目有关信息,在参与环境影响评价过程中,对项目存在的重大环境问题把握不准,许多公众提不出合理的意见和建议,不能明确表达个人观点。

5. 与公众的信息交流不够

我国环境影响评价实施的范围广,除了高速铁路、机场、轨道交通、大型电站等影响范围较广的建设项目,其他项目的公众参与很少利用新闻媒体如电视、广播、报

纸发布信息，多以召开座谈会或发放调查问卷的方式进行。在调查问卷内容的设计上，项目的类型、规模、地点和同项目有关的环境问题介绍得也不够具体，使公众对项目信息了解得不够深入。

另外，环境影响评价方与公众间缺乏进一步的信息交流，一些环境影响评价中的公众参与还只处在开展调查、提出意见的阶段，对公众提出的建议和质疑不能及时进行汇总分析和反馈。

6. 公众参与结果缺乏公开性

在我国环境影响评价管理体系中，环境影响评价工作组将公众参与的结果编入环境影响报告书有关章节后，报告书经专家审查通过后只是作为环境管理部门的管理依据，其公众参与结果和评价结果很少向公众公布，使公众无法对项目后续进行有效的监督。

10.3.2 改善对策

1. 改革当前的环境教育制度

加强环境教学中的实践教学，是环境教育的重要环节。目前，中国环境教育基本上已通过各种形式在不同层面展开，包括中小学开设环境教育课程；大中专院校开设环境保护专业课程；各地党校和行政学校为提高决策者环境意识而开设的环境教育课等，但还需要进一步强化公民的环境保护意识，倡导环更多公民参与到环境保护工作中来。

2. 加强教育，转变观念

要让公民认识到公众参与环境保护是国家法律赋予的权利和权益。政府和有关部门有义务保护公众参与环境保护公共事务的权利，并应将其作为立党为公、执政为民、以人为本的政绩。

3. 完善环境行政公开制度

环境行政公开制度是实现公民环境知情权的需要的前提，又是环境保护的必要的民主程序。

4. 拓宽公众参与环境保护的渠道

从我国目前的情况来看，公众参与环境保护主要有三条渠道：一是官方组织的环境保护行动；二是民间团体组织的环境保护活动；三是公众个人根据自己的愿望和要求而实施的环境保护行为。其中，公众参与的最主要和最重要的渠道是民间团体和公民个人的环境保护行为，但我国目前这方面的实施力度不足，因而必须从法律、制度、参与程序和具体管理规则等方面积极培植、扶持和引导，为公众提供参与渠道和活动空间，充分发挥公众参与环境保护的重要作用。

5. 建立和发展环境保护社团

中国目前非政府组织的环境保护社团还比较薄弱，但在全国各地，有相当多热心于环境保护的人，他们都有成立非政府环境保护社会团体的要求或计划。如果能够把他们组织起来，以各种形式参与环境问题的讨论，同时与政府保持联系和沟通，那么诸多环境问题的解决就容易多了。所以，应在法律和政策上鼓励公众建立和发展非政府组织的环境保护社团，让更多的人参与到环境保护中来。

思考题

1. 我国建设项目公众参与的主体是谁？主要调查对象是谁？
2. 我国对公众参与要求的时限是什么规定？
3. 建设项目第一次网站公示和第二次网站公示的主要内容是什么？
4. 简述我国现今公众参与的不足，思考有哪些改进措施。

11　规划环境影响评价

11.1 概述

规划环境影响评价是指在规划编制阶段，对规划实施可能造成的环境影响进行分析、预测和评价，提出预防或者减轻不良环境影响的对策和措施，并进行跟踪监测的方法与制度，是在规划编制和决策过程中协调环境与发展的一种途径，隶属于战略环境影响评价范畴。

规划环评是以改善环境质量和保障生态安全为目标，论证规划方案的生态环境合理性和环境效益，提出规划优化调整建议；明确不良生态环境影响的减缓措施，提出生态环境保护建议和管控要求，为规划决策和规划实施过程中的生态环境管理提供依据。

11.1.1 基本概念

1. 规划要素

规划要素是指规划方案中的发展目标、定位、规模、布局、结构、建设（或实施）时序，以及规划包含具重大开发体建设项目的建设计划等。

2. 环境目标

环境目标是指为保护和改善生态环境而设定的、拟在相应规划期限内达到的环境质量、生态功能和其他与生态环境保护相关的目标和要求，是规划编制和实施应满足的生态环境保护总体要求。

3. 重点生态功能区

重点生态功能区是指生态系统脆弱或生态功能重要，需要在国土空间开发中限制进行大规模高强度工业化城镇化开发，以保持并提高生态产品供给能力的区域。

4. 生态系统完整性

生态系统完整性是指自然生态系统通过其组织、结构、关系等应对外来干扰并维持自身状态稳定性和生产能力的功能水平。

生态系统完整性应从生态系统组成、结构（如连通性、破碎度等）与功能（如系统提供的各种产品、服务）三个方面进行评价。

5. 环境管控单元

环境管控单元是指集成生态保护红线及生态空间、环境质量底线、资源利用上线的管控区域。

6. 规划不确定性

规划不确定性是指规划编制及实施过程中可能导致环境影响预测结果和评价结论发生变化的因素。主要来源于两个方面：

一是规划方案本身在某些内容上不全面、不具体或不明确;

二是规划编制时设定的某些资源环境基础条件,在规划实施过程中发生的能够预期的变化。

7. 跟踪评价

跟踪评价是指规划编制机关在规划的实施过程中,对已经和正在产生的环境影响进行监测、分析和评价的过程,用以检验规划实施的实际环境影响以及不良环境影响减缓措施的有效性,并根据评价结果,提出完善环境管理方案,或者对正在实施的规划方案进行修订。

11.1.2 相关标准

(1)《规划环境影响评价技术导则 总纲》(HJ130)

原国家环境保护局于2003年颁布了《规划环境影响评价技术导则(试行)》、《开发区区域环境影响评价技术导则》,之后进行了修订,于2014年颁布《规划环境影响评价技术导则 总纲》,规定了规划环境影响评价的一般性原则、工作程序、内容、方法和要求。2019年生态环境部再次进行了修订,确定了规划环评与"三线一单"的衔接,以及规划环评与建设项目环评的联动。

(2)与行业相关的标准

为指导规划环评的具体实施工作,生态环境部先后颁布了一系列相关行业规划环评导则,包括《规划环境影响评价技术导则 产业园区》(HJ 131)、《规划环境影响评价技术导则 流域综合规划》(HJ 1218)等。

11.1.3 评价范围

一般按照规划实施的时间维度和可能影响的空间尺度确定评价范围。

评价范围在时间维度上,一般应包括整个规划周期。对于中、长期规划,可以近期规划为评价的重点时段;必要时,也可根据规划方案的建设时序选择评价的重点时段。

评价范围在空间跨度上,一般应包括规划空间范围、规划实施可能影响的周边区域。周边区域确定应考虑各环境要素评价范围,兼顾区域流域污染物传输扩散特征、生态系统完整性和行政边界。

11.1.4 规划工作程序

规划环境影响评价应在规划编制的早期阶段介入,并与规划编制、论证及审定等关键环节和过程充分互动。

第一阶段:规划分析与现状评价阶段

前期工作阶段主要是进行规划分析，收集与规划相关的法律法规、环境政策，以及规划所在区域战略环评和"三线一单"体系管控要求，对规划区及可能受影响的区域进行现场踏勘，收集相关基础数据资料，开展生态环境现状评价及回顾性评价，分析提出规划实施的资源、生态、环境制约因素。

第二阶段：规划预测评价阶段

结合"三线一单"管控体系要求，在规划分析和生态环境现状评价的基础上，确定环境目标，建立评价指标体系，分析、预测和评价拟定规划方案实施的环境影响，进行规划区域的资源与环境承载力评估。

第三阶段：措施论证阶段

论证规划方案的环境合理性和环境效益，提出减轻不良环境影响的对策和措施，制定分区环境管控要求，形成必要的优化调整或放弃规划的建议，制定环境影响跟踪评价计划，完成规划环境影响评价文件（报告书、规划环境影响篇章或说明）的编写。

11.1.5 评价方法

规划环境影响评价各工作环节常用的方式和方法参见表 11-1-1。进行具体评价工作时可根据需要选用，也可选用其他成熟的技术方法。

表 11-1-1 规划环境影响评价的方法

评价环节	可采用的主要方式和方法
规划分析	核查表、叠图分析、矩阵分析、专家咨询（如智暴法、德尔斐法等）、情景分析、类比分析、系统分析
环境现状调查与评价	资料收集、现场踏勘、环境监测、生态调查、问卷调查、访谈、座谈会、专家咨询、指数法（单指数、综合指数）、类比分析、叠图分析、生态学分析法（生态系统健康评价法、生物多样性评价法、生态机理分析法、生态系统服务功能评价方法、生态环境敏感性评价方法、景观生态学法等）、灰色系统分析法
环境影响识别与评价指标确定	核查表、矩阵分析、网络分析、系统流图、叠图分析、灰色系统分析法、层次分析、情景分析、专家咨询、类比分析、压力-状态-响应分析
规划实施生态环境压力分析	专家咨询、情景分析、负荷分析（估算单位国内生产总值物耗、能耗和污染物排放量等）、趋势分析、弹性系数法、类比分析、对比分析、供需平衡分析
环境影响预测与评价	类比分析、对比分析、负荷分析、弹性系数法、趋势分析、系统动力学法、投入产出分析、供需平衡分析、数值模拟、环境经济学分析、综合指数法、生态学分析法、灰色系统分析法、叠图分析、情景分析、相关性分析、剂量-反应关系评价

续表

评价环节	可采用的主要方式和方法
环境风险评价	灰色系统分析法、模糊数学法、数值模拟、风险概率统计、事件树分析、生态学分析法、类比分析
累积影响评价	矩阵分析、网络分析、系统流图、叠图分析、情景分析、数值模拟、生态学分析法、灰色系统分析法、类比分析
资源与环境承载力评估	情景分析、类比分析、供需平衡分析、系统动力学法、生态学分析法

11.1.6 规划环评文件编写要求

规划环境影响评价文件应图文并茂、数据翔实、论据充分、结构完整、重点突出、结论和建议明确。

1. 环境影响报告书

规划环境影响报告书应该包括下面内容：

（1）总则。概述任务由来，明确评价依据、评价目的与原则、评价范围、评价重点、执行的环境标准、评价流程等。

（2）规划分析。规划分析分为规划概述和规划协调性分析，主要介绍规划不同阶段目标、发展规模、布局、结构、建设时序，以及规划包含的具体建设项目的建设计划等可能对生态环境造成影响的规划内容；给出规划与法规政策、上层位规划、区域"三线一单"管控要求、同层位规划在环境目标、生态保护、资源利用等方面的符合性和协调性分析结论，重点明确规划在空间布局、资源保护与利用、生态环境保护等方面的冲突与矛盾。

（3）现状调查与评价。通过调查评价区域资源利用状况、环境质量现状、生态状况及生态功能等，说明评价区域内的环境敏感区、重点生态功能区的分布情况及其保护要求，分析区域水资源、土地资源、能源等各类自然资源现状利用水平和变化趋势，评价区域环境质量达标情况和演变趋势、区域生态系统结构与功能状况和演变趋势，明确区域主要生态环境问题、资源利用和保护问题及成因。对已开发区域进行环境影响回顾性分析，说明区域生态环境问题与上一轮规划实施的关系。明确提出规划实施的资源、生态、环境制约因素。

（4）环境影响识别与评价指标体系构建。识别规划实施可能影响的资源、生态、环境要素及其范围和程度，确定不同规划时段的环境目标，建立评价指标体系，给出评价指标值。

（5）环境影响预测与评价。设置多种预测情景，估算不同情景下规划实施对各类支撑性资源的需求量和主要污染物的产生量、排放量，以及主要生态因子的变化量。

预测与评价不同情景下规划实施对生态系统结构和功能、环境质量、环境敏感区的影响范围与程度，明确规划实施后能否满足环境目标的要求。根据不同类型规划及其环境影响特点，开展人群健康风险分析、环境风险预测与评价。评价区域资源与环境对规划实施的承载能力。

（6）规划方案综合论证和优化调整建议。根据规划环境目标可达性论证规划的目标、规模、布局、结构等规划内容的环境合理性，以及规划实施的环境效益。介绍规划环评与规划编制互动情况。明确规划方案的优化调整建议，并给出调整后的规划布局、结构、规模、建设时序。

（7）环境影响减缓对策和措施。给出减缓不良生态环境影响的环境保护方案和管控要求。

（8）如规划方案中包含具体的建设项目，应给出重大建设项目环境影响评价的重点内容要求和简化建议。

（9）环境影响跟踪评价计划。说明拟定的跟踪监测与评价计划。

（10）说明公众意见、会商意见回复和采纳情况。

（11）评价结论。归纳总结评价工作成果，明确规划方案的环境合理性，以及优化调整建议和调整后的规划方案。

另外，规划环境影响评价文件还需要附图件说明，一般包括规划内容相关图件，环境现状和区域规划相关图件，现状评价、环境影响评价、规划优化调整、环境管控、跟踪评价计划等成果图件。成果图件应包含地理信息、数据信息，依法需要保密的除外。

2. 规划环境影响篇章（或说明）

规划环境影响篇章（或说明）应包括以下主要内容：

（1）环境影响分析依据。重点明确与规划相关的法律法规、政策、规划和环境目标、标准。

（2）现状调查与评价。通过调查评价区域资源利用状况、环境质量现状、生态状况及生态功能等，分析区域水资源、土地资源、能源等各类资源现状利用水平，评价区域环境质量达标情况和演变趋势，区域生态系统结构与功能状况和演变趋势等，明确区域主要生态环境问题、资源利用和保护问题及成因。明确提出规划实施的资源、生态、环境制约因素。

（3）环境影响预测与评价。分析规划与相关法律法规、政策、上层位规划和同层位规划在环境目标、生态保护、资源利用等方面的符合性和协调性。预测与评价规划实施对生态系统结构和功能、环境质量、环境敏感区的影响范围与程度。根据规划类型及其环境影响特点，开展环境风险预测与评价。评价区域资源与环境对规划实施的承载能力，以及环境目标的可达性。给出规划方案的环境合理性论证结果。

（4）环境影响减缓措施。给出减缓不良生态环境影响的环境保护方案和环境管控要求。针对主要环境影响提出跟踪监测和评价计划。

（5）根据评价需要，在篇章（或说明）中附必要的图、表。

11.1.7 规划环评与建设项目环评

我国目前开展规划环评的对象主要是产业园区、能源开发、流域开发、交通、国土等规划部门编制的区域规划、部门性规划、产业性规划等。规划环评的实施，对优化规划项目，进一步提高规划的环境合理性，科学指导项目布局具有很好的指导作用。

目前，规划环评逐渐成为建设项目环评的重要支撑文件，属于规划环评范围内的建设项目，必须要符合规划环评要求，对于不符合规划环评结论及审查意见的项目环评，依法不予审批。对于规划所包含项目的环评内容，应当根据规划环评结论和审查意见合理简化，规划环评中数据，如环境现状监测资料等可以与建设项目环评共享，排入园区污水、废气处理站的项目，其环保措施要满足园区污染物处置要求。

11.2 规划分析

11.2.1 基本要求

规划分析包括规划概述和规划协调性分析。规划概述应明确可能对生态环境造成影响的规划内容；规划协调性分析应明确规划与相关法律、法规、政策的相符性，以及规划在空间布局、资源保护与利用、生态环境保护等方面的冲突和矛盾。

11.2.2 规划概述

介绍规划编制背景和定位，结合图、表梳理分析规划的空间范围和布局，规划不同阶段目标、发展规模、布局、结构（包括产业结构、能源结构、资源利用结构等）、建设时序，配套基础设施等可能对生态环境造成影响的规划内容，梳理规划的环境目标、环境污染治理要求、环保基础设施建设、生态保护与建设等方面的内容。如规划方案包含的具体建设项目有明确的规划内容，应说明其建设时段、内容、规模、选址等。

规划的范围、布局等应给出相应的图、表。分析给出规划实施所依托的资源与环境条件。

11.2.3 规划协调性分析

（1）分析规划与相关的环境保护法律法规、环境经济与技术政策、资源利用和产业政策等相关要求的符合性。分析时应充分考虑相关政策、法规的效力和时效性。

（2）分析规划规模、布局、结构等规划要素与上层位规划、规划环评以及区域"三线一单"管控要求的符合性，分析规划与国家级、省级主体功能区规划在功能定位、开发原则和环境政策要求等方面的符合性。识别并明确在空间布局、资源保护与利用、生态环境保护、污染防治要求等方面的冲突和矛盾。

（3）筛选出在评价范围内与规划同层位的自然资源开发利用或生态环境保护相关规划，分析与同层位规划在关键资源和环境利用等方面的协调性，明确规划与同层位规划间的冲突和矛盾。

（4）分析小结。综合规划协调性分析结果，提出与环保法规、各项要求相符合的规划调整方案作为备选方案。

11.3 现状调查与评价

11.3.1 基本要求

规划环评要开展资源利用和生态环境现状调查、环境影响回顾性分析，明确评价区域资源利用水平和生态功能、环境质量现状、污染物排放状况，分析主要生态环境问题及成因，梳理规划实施的资源、生态、环境制约因素。

环境现状调查内容应包括社会经济概况、自然地理状况、环境质量和环境目标、生态状况及生态功能、环境敏感区、资源利用现状、环保基础设施建设及运行情况等内容。实际工作中应遵循以点带面、点面结合、突出重点的原则，选择可以反映规划环境影响特点和区域环境目标要求的具体内容。

现状调查应立足于收集和利用评价范围内已有的常规现状资料，并说明资料来源和有效性。有常规监测资料的区域，资料原则上包括近5年或更长时间段资料，能够说明各项调查内容的现状和变化趋势。对其中的环境监测数据，应给出监测点位名称、监测点位分布图、监测因子、监测时段、监测频次及监测周期等，分析说明监测点位的代表性。

11.3.2 现状调查内容

（1）自然地理状况调查内容主要包括地形地貌，河流、湖泊（水库）、海湾的水文状况，环境水文地质状况，气候与气象特征等。

（2）环境质量调查。

① 地表水环境质量调查：水功能区划、海洋功能区划、近岸海域环境功能区划、保护目标及各功能区水质达标情况；主要水污染因子和特征污染因子、水环境控制单元主要污染物排放现状、环境质量改善目标要求；地表水控制断面位置及达标情况、主要水污染源分布和污染贡献率（包括工业、农业、生活污染源和移动源）、单位国

内生产总值废水及主要水污染物排放量；附水功能区划图、控制断面位置图、海洋功能区划图、近岸海域环境功能区划图、水环境控制单元图、主要水污染源排放口分布图和现状监测点位图。

② 地下水环境质量：环境水文地质条件，包括含（隔）水层结构及分布特征、地下水补径排条件，地下水流场等；地下水利用现状，地下水水质达标情况，主要污染因子和特征污染因子；附环境水文地质相关图件，现状监测点位图。

③ 大气环境质量：大气环境功能区划、保护目标及各功能区环境空气质量达标情况；主要大气污染因子和特征污染因子、大气环境控制单元主要污染物排放现状、环境质量改善目标要求；主要大气污染源分布和污染贡献率（包括工业、农业和生活污染源）、单位国内生产总值主要大气污染物排放量；附大气环境功能区划图、大气环境管控分区图、重点污染源分布图和现状监测点位图。

④ 声环境质量：声环境功能区划、保护目标及各功能区声环境质量达标情况，附声环境功能区划图和现状监测点位图。

⑤ 土壤环境质量：土壤主要理化特征，主要土壤污染因子和特征污染因子，土壤中污染物含量，土壤污染风险防控区及防控目标，附土壤现状监测点位图；海洋沉积物质量达标情况。

（3）生态状况及生态功能。

① 生态保护红线与管控要求。

② 生态功能区划、主体功能区划。

③ 生态系统的类型（森林、草原、荒漠、冻原、湿地、水域、海洋、农田、城镇等）及其结构、功能和过程。

④ 植物区系与主要植被类型，珍稀、濒危、特有、狭域野生动植物的种类、分布和生境状况。

⑤ 主要生态问题的类型、成因、空间分布、发生特点等。

⑥ 附生态保护红线图、生态空间图、重点生态功能区划图及野生动植物分布。

（4）环境敏感区和重点生态功能区。

① 环境敏感区的类型、分布、范围、敏感性（或保护级别）、主要保护对象及相关环境保护要求等，与规划布局空间位置关系，附相关图件。

② 重点生态功能区的类型、分布、范围和生态功能，与规划布局空间位置关系，附相关图件。

（5）资源利用现状。

① 土地资源：主要用地类型、面积及其分布，土地资源利用上线及开发利用状况，土地资源重点管控区，附土地利用现状图。

② 水资源：水资源总量、时空分布，水资源利用上线及开发利用状况和耗用状况（包括地表水和地下水），海水与再生水利用状况，水资源重点管控区，附有关的水系图及水文地质相关图件。

③ 能源：能源利用上线及能源消费总量、能源结构及利用效率。
④ 矿产资源：矿产资源类型与储量、生产和消费总量、资源利用效率等，附矿产资源分布图。
⑤ 旅游资源：旅游资源和景观资源的地理位置、范围和开发利用状况等，附相关图件。
⑥ 岸线和滩涂资源：滩涂、岸线资源及其利用状况，附相关图件。
⑦ 重要生物资源：重要生物资源（如林地资源、草地资源、渔业资源、海洋生物资源）和其他对区域经济社会发展有重要价值的资源地理分布、储量及其开发利用状况，附相关图件。

（6）固体废物。

固体废物（一般工业固体废物、一般农业固体废物、危险废物、生活垃圾）产生量及单位国内生产总值固体废物产生量，危险废物的产生量、产生源分布等。

（7）社会经济概况。

评价范围内的人口规模、分布，经济规模与增长率，交通运输结构、空间布局等；重点关注评价区域的产业结构、主导产业及其布局、重大基础设施布局及建设情况等，附相应图件。

（8）环保基础设施建设及运行情况。

评价范围内的污水处理设施（含管网）规模、分布、处理能力和处理工艺、服务范围；集中供热、供气情况；大气、水、土壤污染综合治理情况；区域噪声污染控制情况；一般工业固体废物与危险废物利用处置方式和利用处置设施情况（包括规模、分布、处理能力、处理工艺、服务范围和服务年限等）；现有生态保护工程及实施效果；环保投诉情况等。

11.3.3 制约因素分析

分析评价区域资源利用水平、生态状况、环境质量与资源利用上线、生态保护红线、环境质量底线等管控要求间的关系，明确提出规划实施的资源、生态、环境制约因素。

11.3.4 现状分析与评价

1. 资源利用现状评价

明确与规划实施相关的自然资源、能源种类，结合区域资源禀赋及其合理利用水平或上线要求，分析区域水资源、土地资源、能源等各类资源利用的现状水平和变化趋势。

2. 环境与生态现状评价

（1）按照环境功能区划的要求，评价区域水环境质量、大气环境质量、土壤环境质量、声环境质量现状和变化趋势，分析影响其质量的主要污染因子和特征污染因子及其来源；评价区域环保设施的建设与运营情况，分析区域水环境（包括地表水、地下水、海水）保护、主要环境敏感区保护、固体废物处置等方面存在的问题及原因，以及目前需解决的主要环境问题。

（2）结合区域生态系统的结构与功能状况，评价生态系统的重要性和敏感性，分析生态状况和演变趋势及驱动因子。当评价区域涉及环境敏感区和重点生态功能区时，应分析其生态现状、保护现状和存在的问题等；当评价区域涉及受保护的关键物种时，应分析该物种种群与重要生境的保护现状和存在问题。明确需解决的主要生态保护和修复问题。

当评价区面积较大且生态系统状况差异也较大时，应进行生态环境敏感性分级、分区，并附相应的图表。当评价区域涉及受保护的敏感物种时，应分析该敏感物种的生态学特征；当评价区域涉及生态敏感区时，应分析其生态现状、保护现状和存在的问题等。明确目前区域生态保护和建设方面存在的主要问题。

11.3.5　环境影响回顾性评价

结合区域发展的历史或上一轮规划的实施情况或区域发展历程，分析区域生态系统的变化趋势和现状生态环境问题与上一轮规划实施或发展历程的关系，调查分析上一轮规划环评及审查意见落实情况和环境保护措施的效果。提出本次规划应关注的资源、环境、生态问题，以及解决问题的途径，并为本次规划的环境影响预测提供类比资料和数据。

11.3.6　小结

基于上述现状评价和规划分析结果，结合环境影响回顾与环境变化趋势分析结论，重点分析评价区域环境现状和环境质量、生态功能与环境保护目标间的差距，明确提出规划实施的资源与环境制约因素。

11.4　环境影响识别与评价指标体系构建

11.4.1　环境影响识别

规划的环境影响识别主要目的是筛选出受规划实施影响显著的资源、生态、环境要素，初步判断影响的性质、范围和程度，确定评价重点，明确环境目标，建立评价的指标体系。

根据规划方案的内容、年限，分别识别规划要素对资源和环境造成影响的途径、方式，以及影响的性质、范围和程度，如果规划分为近期、中期、远期或其他时段，还应识别不同时段的影响。识别主要内容包括规划实施可能产生的影响，重点识别可能造成的区域性、综合性、累积性等重大不良环境影响和环境风险。

重点从规划的目标、规模、布局、结构、建设时序及规划包含的具体建设项目等方面，全面识别规划要素对资源和环境造成影响的途径与方式，以及影响的性质、范围和程度。

对于某些有可能产生具有难降解、易生物蓄积、长期接触对人体和生物产生危害作用的重金属污染物、无机和有机污染物、放射性污染物、微生物等规划，还应识别规划实施产生的污染物与人体接触的途径、方式（如经皮肤、口或鼻腔等）以及可能造成的人群健康影响。

通过环境影响识别，以图、表等形式，建立规划要素与资源、环境要素之间的动态响应关系，给出各规划要素对资源、环境要素的影响途径，从中筛选出受规划影响大、范围广的资源、环境要素，作为分析、预测与评价的重点内容。

11.4.2 环境目标与评价指标确定

1. 确定环境目标

环境目标是开展规划环境影响评价的依据。

分析国家和区域可持续发展战略、生态环境保护法规与政策、资源利用法规与政策等目标及要求，重点依据评价范围涉及的生态环境保护规划、生态建设规划以及其他相关生态环境保护管理规定，结合规划协调性分析结论，衔接区域"三线一单"成果，设定各评价时段有关生态功能保护、环境质量改善、污染防治、资源开发利用等具体目标及要求。

2. 建立评价指标体系

结合规划实施的资源、生态、环境等制约因素，从环境质量、生态保护、资源利用、污染排放、风险防控、环境管理等方面构建评价指标体系。评价指标应符合评价区域生态环境特征，体现环境质量和生态功能不断改善的要求，体现规划的属性特点及其主要环境影响特征。

评价指标是量化了的环境目标，一般首先将环境目标分解成环境质量、生态保护、资源利用、风险防控、环境管理等评价主题，再筛选确定表征评价主题的具体评价指标，并将现状调查与评价中确定的规划实施的资源与环境制约因素作为评价指标筛选的重点。

3. 确定评价指标值

评价指标的选取应能体现国家发展战略和环境保护战略、政策、法规的要求，体现规划的行业特点及其主要环境影响特征，符合评价区域生态、环境特征，体现社会发展对环境质量和生态功能不断提高的要求。

评价指标应易于统计、比较和量化，指标值符合相关产业政策、生态环境保护政策、相关标准中规定的限值要求，如国内政策、标准中没有相应的规定，也可参考国际标准来确定；对于不易量化的指标可参考相关研究成果或经过专家论证，给出半定量的指标值或定性说明。

11.5 环境影响预测与评价

规划的环境影响预测与评价一般包括预测情景设置、规划实施生态环境压力分析，环境质量、生态功能的影响预测与评价，对环境敏感区和重点生态功能区的影响预测与评价，环境风险预测与评价，资源与环境承载力评估等内容。环境影响预测与评价应给出规划实施对评价区域资源、生态、环境的影响程度和范围，叠加环境质量、生态功能和资源利用现状，分析规划实施后能否满足"生态保护红线、环境质量底线、资源利用上线"要求，评估区域资源、生态、环境承载能力。

11.5.1 预测情景设置

应结合规划所依托的资源环境和基础设施建设条件、区域生态功能维护和环境质量改善要求等，从规划规模、布局、结构等方面，设置多种情景（至少包括规划方案、经优化调整后的规划方案等）开展环境影响预测与评价。

11.5.2 规划实施生态环境压力分析

依据回顾性评价、现状调查与评价的结果，考虑技术进步等因素，估算不同情景下水、土地、能源等规划实施支撑性资源的需求量和主要污染物（包括常规污染物和特征污染物）的产生量、排放量。

依据回顾性评价、生态现状调查与评价的结果，考虑生态系统演变规律及生态保护修复等因素，评估不同情景下规划实施对生态系统的影响范围和程度，以及主要生态因子（如生物量、植被覆盖度/率、重要生境面积等）的变化量。

11.5.3 影响预测与评价

1. 水环境影响预测与评价

预测不同情景下规划实施导致的区域水资源、水文情势、地下水补径排状况等变化，分析主要污染物对地表水和地下水、近岸海域水环境质量的影响，明确影响的范围、程度，评价水环境质量的变化能否满足环境质量底线要求，绘制必要的预测与评价图件。

2. 大气环境影响预测与评价

预测不同情景下规划及规划相关交通运输实施产生的大气污染物对环境空气质量的影响，明确影响范围、程度，评价大气环境质量的变化能否满足环境质量底线要求，绘制必要的预测与评价图件。

3. 声环境影响预测与评价

预测不同情景下规划实施对声环境质量的影响，明确影响范围、程度，评价声环境质量的变化能否满足相应的功能区目标，绘制必要的预测与评价图件。

4. 土壤环境影响预测与评价

预测不同情景下规划实施的土壤环境风险，评价土壤环境的变化能否满足相应环境管控要求，绘制必要的预测与评价图件。

5. 生态影响预测与评价

预测不同情景下规划实施对生态系统结构、功能的影响范围与程度，评价规划实施对生物多样性、生态系统完整性的影响，绘制必要的预测与评价图件。

6. 环境敏感区影响预测与评价

预测不同情景下规划实施对评价范围内生态保护红线、自然保护区、饮用水水源保护区、风景名胜区、基本农田保护区、大型居住区、文化教育区域等环境敏感区、重点生态功能区的影响，评价其是否符合相应的保护和管控要求，绘制必要的预测与评价图件。

7. 人群健康影响分析

对可能产生具有难降解、易生物蓄积、长期接触对人体和生物产生危害作用的重金属污染物、无机和有机污染物、放射性污染物、微生物等规划，根据上述特定污染物的环境影响范围，估算暴露人群数量和暴露水平，开展人群健康影响分析。

8. 环境风险预测与评价

对于涉及重大环境风险源的规划，应进行风险源及源强、风险源与受体响应关系等方面的分析，开展环境风险评价。

11.5.4 资源与环境承载力评估

1. 资源与环境承载力分析

分析规划实施支撑性资源（水资源、土地资源、能源等）可利用（配置）上线和规划实施主要环境影响要素（大气、水等）污染物允许排放量，结合现状利用和排放量、区域削减量，分析规划各评价时段剩余可利用的资源量和剩余污染物允许排放量。

2. 资源与环境承载状态评估

根据规划实施新增资源消耗量和污染物排放量，分析规划实施对各时段剩余可利用资源量和剩余污染物允许排放量的占用情况，评估资源与环境对规划实施的承载状态。

11.6 规划方案综合论证和优化调整建议

以改善环境质量和保障生态安全为核心，综合环境影响预测与评价结果，论证规划目标、规模、布局、结构等规划要素的环境合理性以及评价设定的环境目标的可达性，分析判定规划实施的重大资源、生态、环境制约的程度、范围、方式等，提出规划方案的优化调整建议并推荐环境可行的规划方案。如果规划方案优化调整后资源、生态、环境仍难以承载，不能满足资源利用上线和环境质量底线要求，应提出规划方案的重大调整建议。

11.6.1 规划方案综合论证

规划方案的综合论证包括环境合理性论证和环境效益论证两部分内容。前者从规划实施对资源、生态、环境综合影响的角度，论证规划内容的合理性；后者从规划实施对区域经济、社会与环境的效益贡献，以及协调当前利益与长远利益之间关系的角度，论证规划方案的合理性。

1. 规划方案的环境合理性论证

（1）基于区域环境保护目标以及区域"三线一单"要求，结合规划协调性分析结论，论证规划目标与发展定位的环境合理性。

（2）基于环境影响预测与评价和资源与环境承载力评估结论，结合资源利用上线和环境质量底线等要求，论证规划规模和建设时序的环境合理性。

（3）基于规划布局与生态保护红线、生态空间、重点生态功能区、环境敏感区等空间位置关系和对以上环境敏感区的影响预测结果，结合环境风险评价的结论，论证规划布局的环境合理性。

（4）基于环境影响预测与评价和资源与环境承载力评估结论，结合区域环境管理和循环经济发展要求，以及规划重点产业的环境准入条件和清洁生产水平，论证规划用地结构、能源结构、产业结构的环境合理性。

（5）基于规划实施环境影响预测及评价结果，结合生态环境保护措施的经济技术可行性、有效性，论证环境目标的可达性。

2. 规划方案的环境效益论证

分析规划实施在维护生态功能、改善环境质量、提高资源利用效率、减少温室气体排放、保障人居安全、优化区域空间格局和产业结构等方面的环境效益（包括正效益和负效益）。

3. 不同类型规划方案综合论证重点

（1）进行综合论证时，应针对不同类型和不同层级规划的环境影响特点，选择论证方向，突出重点。

（2）对于资源能源消耗量大、污染物排放量高的行业规划，重点从流域和区域资源利用上线、环境质量底线对规划实施的约束、规划实施对环境质量的影响程度、环境风险、人群健康影响等方面，论述规划拟定的发展规模、布局（及选址）和产业结构的环境合理性。

（3）对于土地利用的有关规划和区域、流域、海域的建设、开发利用规划，农业、畜牧业、林业、能源、水利、旅游、自然资源开发专项规划，重点从流域或区域生态保护红线、资源利用上线对规划实施的约束，以及规划实施对生态系统及环境敏感区结构、功能的影响和生态风险等角度，论述规划方案的环境合理性。

（4）对于公路、铁路、航运等交通类规划，重点从规划实施对生态系统结构、功能所造成的影响，规划布局与评价区域生态保护红线、重点生态功能区其他环境敏感区的协调性等方面，论述规划布局（及选线、选址）等环境合理性。

（5）对于产业园区等规划，重点从区域资源利用上线、环境质量底线对规划实施的约束、规划及包括的交通运输实施可能对环境质量的影响程度以及环境风险与人群健康风险等方面，综合论述规划规模、布局、结构、建设时序以及规划环境基础设施、重大建设项目的环境合理。

（6）对于城市规划、国民经济与社会发展规划等综合类规划，重点从区域资源利用上线、生态保护红线、环境质量底线对规划实施的约束，城市基础设施对规划实施的支撑能力、规划及相关交通运输实施对改善环境质量、优化城市生态格局、提高资源利用效率的作用等方面，综合论述规划方案的环境合理性。

11.6.2 规划方案的优化调整建议

根据规划方案的环境合理性和环境效益论证结果，对规划要素提出明确的、具有可操作性的优化调整建议，特别是出现以下情形时：

（1）规划的主要目标、发展定位与上层位主体功能区规划、区域"三线一单"等要求不符。

（2）规划空间布局和包含的具体建设项目选址、选线不符合生态保护红线、主体功能区规划、环境敏感区的保护要求。

（3）规划主要开发活动或包含的具体建设项目不满足区域生态环境准入清单要求、属于国家明令禁止的产业类型或不符合国家产业政策、环境保护政策。

（4）规划方案中配套的生态保护和污染防治措施实施后，区域的资源、环境承载力仍无法支撑规划实施，环境质量无法满足评价目标，或仍可能造成重大的生态破坏和环境污染，或仍存在显著的环境风险。

（5）规划方案中有依据现有科学水平和技术条件，无法或难以对其产生的不良环境影响的程度或者范围作出科学、准确判断的内容。

应明确给出优化调整后的规划布局、规模、结构、建设时序，并给出相应的优化调整图、表，说明优化调整后的规划方案具备资源与环境承载力可支撑性。将优化调整后的规划方案，作为评价推荐的规划方案。说明规划环评与规划编制的互动过程、互动内容和各时段向规划编制机关反馈的建议及其被采纳情况等互动结果。

11.7　其他内容

11.7.1　环境影响减缓对策和措施

规划的环境影响减缓对策和措施是针对评价推荐的规划方案实施后可能产生的不良环境影响，在充分评估规划方案中已明确的环境污染防治、生态保护、资源能源增效等相关措施的基础上，提出的环境保护方案和管控要求。

环境影响减缓对策和措施应具有针对性和可操作性，能够指导规划实施中的环境保护工作，有效预防重大环境问题的产生，并促进环境目标在相应的规划期限内可以实现。

环境影响减缓对策和措施一般包括生态环境保护方案和管控要求。主要内容包括：

（1）提出现有生态环境问题解决方案，规划区域整体性污染治理、生态修复与建设、生态补偿等环境保护方案，以及与周边区域开展联防联控等预防和减缓环境影响的对策措施。

（2）提出规划区域资源能源可持续开发利用、环境质量改善等目标、指标性管控要求。

（3）对于产业园区等规划，从空间布局约束、污染物排放管控、环境风险防控、资源开发利用等方面，以清单方式列出生态环境准入要求。

对符合规划环评分区环境管控要求和生态环境准入清单的具体建设项目，其环评文件中选址选线、规模分析内容可适当简化。当规划环评资源、环境现状调查评价结果仍具有时效性时，规划所包含的建设项目环评文件中现状调查与评价内容可适当简化。

11.7.2　环境影响跟踪评价计划

结合规划实施主要生态环境影响评价结论，在编制规划环境影响评价文件时应拟定跟踪评价计划，监测和调查规划实施对区域环境质量、生态功能、资源利用等实际影响，以及不良环境影响减缓措施的有效性。

跟踪评价取得的数据、资料和结果应能够说明规划实施带来的生态环境质量实际变化，反映规划优化调整建议、分区环境管控要求和生态环境准入清单等对策措施的执行效果，并为后续规划实施、调整、修编，完善环境管理方案和加强相关建设项目环境管理等提供依据。

跟踪评价计划应包括工作目的、监测方案、调查方法、评价重点、执行单位、实施安排等内容。主要包括：

（1）明确需重点调查、监测、评价的资源生态环境要素，提出具体监测计划及评价指标，以及相应的监测点位、频次、周期等。

（2）提出调查和分析规划优化调整建议、环境影响减缓措施、环境管控要求和生态环境准入清单落实情况和执行效果的具体内容和要求，明确分析和评价不良生态环境影响预防和减缓措施有效性的监测要求和评价准则。

（3）提出规划实施对区域环境质量、生态功能、资源利用等阶段性综合影响，环境影响减缓措施和环境管控要求的执行效果，后续规划实施调整建议等跟踪评价结论的内容和要求。。

11.7.3 公众参与

对可能造成不良环境影响并直接涉及公众环境权益的规划，应当公开征求相关部门、相关单位、专家和公众对规划环境影响报告书的意见。依法需要保密的除外。

公众参与可采取座谈会、论证会、听证会等形式，参与的人员以规划涉及的部门代表和专家为主。

处理公众参与的意见和建议时，对于已采纳的，应在环境影响报告书中明确说明修改的具体内容；对于不采纳的，应说明理由。

11.7.4 评价结论

评价结论是对整个评价工作内容和成果的归纳总结，应文字简洁、论点明确、结论清晰准确。在评价结论中应明确以下内容：

① 区域生态保护红线、环境质量底线、资源利用上线，区域环境质量现状和变化趋势，资源利用现状和变化趋势，区域主要生态环境问题、资源利用和保护问题及成因，规划实施的资源、生态、环境制约因素。

② 规划实施对生态、环境影响的程度和范围，区域水、土地等资源和大气、水等环境对规划实施的承载能力，规划实施可能产生的环境风险，明确规划实施后能否满足生态保护红线、环境质量底线、资源利用上线的要求。

③ 规划的协调性分析结论，规划方案的环境合理性和环境效益论证结论，环境目标可达性评价结论，规划优化调整建议等。

④ 减缓不良环境影响的生态环境保护方案和管控要求。
⑤ 规划包含的具体建设项目环境影响评价的重点内容和简化建议等。
⑥ 规划实施环境影响跟踪评价计划的主要内容和要求。
⑦ 公众意见、会商意见的回复和采纳情况。

思考题

1. 规划分析的主要内容可以从哪些方面展开？
2. 简要分析规划环境影响评价的现状调查内容。
3. 规划环境影响预测的主要包括哪些？
4. 在哪些情况下，需要对规划要素提出优化调整建议。
5. 简述规划环境影响报告书的主要内容。

实践学分部分

按照 5~10 人一组划分为不同小组，每组协作完成实践学习，学习要求：
（1）明确承接建设项目环境影响评价文件编制工作的要求。
（2）现场勘察。
（3）环境质量现状监测计划的制定与监测数据的分析。
（4）大气、地表水、地下水、噪声、生态环境的影响预测。
（5）各环境要素的环境保护措施分析。
（6）公众参与调查。
（7）编写虚拟建设项目的环境影响评价文件。

实践一　承接建设项目环境影响评价

一、学习目的

（1）掌握建设项目环境影响文件类型的划分。
（2）掌握承接建设项目环境影响报告书（报告表）要求。
（3）熟悉编制建设项目环境影响报告书（报告表）的费用构成。

二、实践素材

结合最新的分类管理名录和相关产业政策等要求，分析虚拟的污染型建设项目与生态影响型建设项目的项目建议书、可研报告等基础资料。

三、实践步骤

（1）首先判断项目环境影响评价文件类型。
（2）分析所选项目的环境影响评价文件编制的初步要求。
（3）根据项目情况，进行小组比价竞标。

四、小结

汇总承接建设项目环境影响评价时的各项要求。

实践二　环评现场勘察

一、学习目的

（1）掌握开展环评现场调查的准备事项和流程。
（2）熟悉环评项目现场调查资料采集。

二、实践内容

在详读虚拟项目可研报告等资料之后，到拟定现场进一步确认工程建设位置和建设内容等基本信息，并且确定各环境要素环境影响评价范围以及各环境要素的保护目标（包括国家公园、自然保护区、风景名胜区、饮用水源保护区等生态环境保护目标，以及学校、医院、居民区等人口集中居住的区域）。

三、实践步骤

（1）首先准备一份详细的现状调查清单，确定开展虚拟项目现状勘察的时间与路线安排。

现状调查清单包括由虚拟建设单位提供资料、相关部门提供资料、现场调研资料等。

① 由建设单位提供资料：

建设单位基本情况；

环评委托书；

项目建议书、可研报告或初步设计、施工图设计报告等。

② 由相关部门提供资料：

当地县志；

可能涉及的项目区域发展规划（包括城市发展、土地利用、工业、农业、林业、畜牧业、交通、能源、旅游、卫生、文化等规划）；

环境功能区划、生态保护规划；

生态保护红线；

项目环境影响评价执行标准等。

涉及自然保护区、风景名胜区、水源保护地等生态环境敏感目标的项目，需要在相关主管部门了解敏感区的详细规划、与项目的关系，主管部门意见等。

③ 现场调查：

周围环境敏感目标分布，包括大气、噪声、地表水、地下水、生态等环境保护目标；

水系分布、气候气象等；

现场公示及问卷调查等。

(2)进入现场开展资料收集和勘察,判断评价范围,在评价范围内进行现状调查,并辅以拍照、样方调查等方式收集现状数据。

四、成果

完成调查清单中的内容,根据现场调查内容和虚拟项目的可研等基本资料,绘制项目地理位置图、项目总平面布置图、外环境关系图、环境敏感目标分布图、水系分布图等。

实践三　现状监测计划的制定与监测数据的分析

一、学习目的

（1）掌握环境质量现状监测布点的要求。
（2）掌握环境质量现状监测计划的制定。

二、实践内容

在确定了各环境要素的环境影响评价范围、开展了详细的现场勘察之后，需要制定环境质量现状监测计划，以提交给监测单位开展本项目的环境监测工作。

三、实践步骤

首先，根据工程分析和评价等级判定的结果，确定项目环境质量现状监测的要求。
再者，结合现有环境质量资料收集情况，确定项目的环境质量评价数据来源，能够利用现有资料的，尽量利用，没有现成的可利用资料的，需要制定监测计划交由监测单位开展监测工作。

四、成果

（1）根据项目实际情况，选择制定大气、地表水、地下水、噪声环境质量现状监测计划，监测计划包括监测布点、监测因子、监测时期、监测制度、采样要求等。
（2）绘制现状监测布点图。
（3）对监测数据进行处理，分析环境质量达标、超标情况，分析产生超标的原因。

实践四　环境影响预测

一、学习目的

（1）掌握大气环境影响预测内容和方法。
（2）掌握地表水环境影响预测内容和方法。
（3）掌握地下水环境影响预测内容和方法。
（4）掌握噪声环境影响预测内容和方法。
（5）掌握生态环境影响预测内容和方法。

二、实践内容

参考环评总纲，以及各环境要素的环评导则要求，选择正确的环境影响预测方法、预测模式，筛选相关参数，对预测结果进行合理分析。

三、实践步骤

（1）选择正确的预测模式。
（2）对数据进行处理，分析环境影响预测结果。
（3）按照导则要求，绘制相关预测图件。

四、成果

提交预测结果，分析超标达标及对周围环境敏感目标的影响情况，完成预测成果图件（如浓度等值线分布图、等声级线图等）。

实践五　各环境要素的环境保护措施

一、学习目的

掌握大气、地表水、地下水、噪声、生态的环境保护措施。

二、实践内容及步骤

（1）分析虚拟项目建议书、可研、初步设计等资料提供的项目环境保护措施的技术经济可行性。

（2）根据项目情况，分析项目环境保护措施的改进意见和要求。

三、成果

（1）分析项目环境保护措施的技术经济可行性。

（2）根据环保投资预算，开展环境经济损益分析。

实践六　公众参与调查

一、学习目的

（1）掌握开展公众参与的基本程序。
（2）掌握实施公众参与的方式、对象、公示内容等。
（3）熟悉公众参与说明的编写要求。

二、实践步骤

结合最新的公众参与管理要求，按照虚拟项目特点，结合现场勘察资料，确定公众参与的形式、内容、公示的日期、公示的对象等，开展公众参与。

（1）开展虚拟项目的第一次环评公示。
（2）开展虚拟项目的第二次环评公示。

三、成果

编制虚拟项目的公众参与说明。

实践七　编写虚拟建设项目的环境影响评价文件

一、学习目的

掌握环境影响报告书、报告表的编写流程，熟悉其编写格式、基本内容、编制重点。

二、实践内容

根据虚拟项目可研报告，结合现场调查，环境影响预测以及环保措施分析结果完成环境影响报告书（报告表）的编制。

三、成果

提交完整的环境影响报告书（报告表）。

参考文献

[1] 陆雍森，等. 环境评价[M]. 上海：同济大学出版社，1990.
[2] 陆书玉，等. 环境影响评价[M]. 北京：高等教育出版社，2001.
[3] 叶文虎，等. 环境影响评价学[M]. 北京：高等教育出版社，1994.
[4] 张从. 环境评价教程[M]. 北京：中国环境科学出版社，2002.
[5] 郑铭. 环境影响评价导论[M]. 北京：化学工业出版社，2003.
[6] 周国强. 环境影响评价[M]. 武汉：武汉理工大学出版社，2003.
[7] 田子贵，顾玲. 环境影响评价[M]. 北京：化学工业出版社，2004.
[8] 蔡艳荣. 环境影响评价[M]. 北京：中国环境科学出版社，2004.
[9] 国家环境保护总局监督管理司. 中国环境影响评价培训教材[M]. 北京：化学工业出版社，2000.
[10] 郭廷忠. 环境影响评价学[M]. 北京：科学出版社，2007.
[11] 马太玲，张江山等. 环境影响评价[M]. 武汉：华中科技大学出版社，2009.
[12] 史宝忠. 建设项目环境影响评价[M]. 北京：中国环境科学出版社，2001.
[13] 张雪花，崔朋等. 环境影响评价[M]. 北京：北京大学出版社，2013.
[14] 薛根良. 实用水文地质学基础[M]. 武汉：中国地质大学出版社，2014.
[15] 王秀兰，刘忠席. 矿山水文地质[M]. 北京：煤炭工业出版社，2007.
[16] 李博，杨持，林鹏. 生态学[M]. 北京：高等教育出版社，2000.
[17] 生态环境部. 规划环境影响评价技术导则 总纲[S]. HJ 130—2019.
[18] 环境保护部. 建设项目环境影响评价技术导则 总纲[S]. HJ 2.1—2016.
[19] 生态环境部. 环境影响评价技术导则 大气环境[S]. HJ 2.2—2018.
[20] 生态环境部. 环境影响评价技术导则 地表水环境[S]. HJ 2.3—2018.
[21] 生态环境部. 建设项目环境风险评价技术导则[S]. HJ 169—2018.
[22] 生态环境部. 环境影响评价技术导则 土壤环境（试行）[S]. HJ 964—2018.
[23] 环境保护部. 环境影响评价技术导则 地下水环境[S]. HJ 610—2016.
[24] 生态环境部. 环境影响评价技术导则 声环境[S]. HJ 2.4—2021.
[25] 生态环境部. 环境影响评价技术导则 生态环境[S]. HJ 19—2022.
[26] 生态环境部. 地表水环境质量监测技术规范[S]. HJ 91.2—2022.
[27] 生态环境部. 环境影响评价技术导则 公路建设项目[S]. HJ 1358—2024.